自転車で痩せた人

高千穂 遙
takachiho haruka

生活人新書
178

NHK出版

自転車で痩せた人●目次

イラストレーション／中山　蛙
校正／鶴田万里子
DTP／ydoffice+kai

第一章　そうだ。自転車があった

それは運動ではない

最近、団塊の世代のニュースがマスコミをにぎわせている。いわゆる二〇〇七年問題というやつだ。二〇〇七年に、一九四七年に生まれた人たちが六十歳になり、定年を迎える。この人数が半端じゃない。日本の戦後数年間が超ベビーブームだったからだ。戦争が終わり、さあ、子供をつくろうといって、一九四七年から一九四九年までの三年間に、日本の人口がどどどっと増えた。その数、およそ七百万人。この集団がいっせいに定年退職し、退職金をもらって職場から離れていく。

退職というのは、人生の大イベントのひとつである。とくに戦後のスーパー成長期を支えてきた団塊の世代にとって、仕事がなくなるというのは、実にもうたいへんなことだ。仕事一筋だったモーレツ人間が、唯一の生き甲斐だった仕事を「はい、これまでよ」といって奪われてしまうのである。一九五一年生まれのわたしは微妙に団塊の世代から外れているが、それでも、その気持ちは容易に想像できる。

経済分野で問題になっているのは、かれらの退職金の使い途である。すごい額の退職金がいきなり動きはじめる。その動向は、日本の産業構造にまで影響を与えるといわれている。しかし、それはここで深刻に論ずることではない。それはそれで、べつの本がある。そちらを読んでいただきたい。

ここで重視したいのは、退職者の健康問題である。

いま、日本人の多くが重大な健康問題に直面している。若い人もかなりひどいらしいが、わたしの世代の前後の人びとは、とくにひどい。バブル期の美食ブームなどもあって、そこらじゅう生活習慣病患者、もしくはその予備軍だらけである。仕事仕事で、ろくに運動もせず何十年という歳月を過ごしてしまったため、高血圧、痛風、不整脈、糖尿病でひいひいいっている。

先日、釣りを趣味としていることで知られている某人気作家と話をしていたら、話題がこれになった。ドクターから、警告がでたらしい。血圧がかなり高かったのだ。

「運動はしているんだよ」と、かれはいう。

「釣りに行くと、すごく歩くんだ。散歩なんか目じゃない距離を歩いている。それなのに運動不足といわれるのは、心外だ」

「それは、間違っている」と、わたしは返した。

「たらたらといくら歩いても、運動にはならない。なぜなら、心拍数があがらないからだ」

心拍数？　かれが意外だという表情を見せた。

ゴルフをする人も、たっぷりと歩いていると胸を張る。だが、血液検査は、その効果を冷たく否定する。そもそも、そういっている人の見た目が、相当の肥満体だ。ゴルフをしていて脳梗塞を起こした芸能人もいる。クラブを片手に、のんびりとつぎのコースに移動するゴルファーたち。その姿は運動とはほど遠い。しかし、かれらは、そのことに気づいていない。

雑誌などで、ウォーキングの記事を読まれたことがあるだろうか。記事やエクササイズ・ウォーキングの教則本には、おおむねつぎのように書かれている。

腕を大きく振って、歩幅を広くする。歩く速度は、やや速め。少し汗ばむ程度の負荷をかける。

つまり、歩くことで、心拍数をあげているのである。心拍数があがると、血流量が変わる。エネルギーも、多く消費される。呼吸も早くなる。汗をかく。

これが運動をしている状態だ。人気作家は運動をしているつもりで、実は何もしていなかった。それがゆえに、ドクターからイエローカードをだされてしまった。詳しくは聞かなかったが、たぶん、血圧だけでなく、コレステロール値なども相当高かったはずだ。わたしには、わかる。三年前、わたしもまさしくそのとおりの状態だったのだから。

歩道走行は非常識

ものの本によると、定年退職者の家庭は、けっこうたいへんなことになったりするようだ。一時期、「粗大ゴミ」とか「濡れ落ち葉」といった言葉がしきりに使われたことがあった。これは、定年退職者の別称である。

無趣味、仕事一辺倒で生きてきたサラリーマンが、定年退職した。会社へ行く必要がなくなった。どうするか？　何もやることがない。とりあえず、丸一日を家で過ごす。

となると、主婦はたまったものではない。自宅で仕事をしているわたしには、それがものすごく実感として伝わってくる。わたしの場合、書斎にこもりっぱなしでそこからめったにでてこないから、まだなんとかなっているが、リビングあたりにでもどっかとすわり、そこに一日中居座っていたら、間違いなく家内はキレる。たぶん、ひと月はもたないと思う。わたしに向かって「邪魔だ。でていけ!」と叫び、一気に家庭不和へと陥ってしまうことだろう。それが、ふつうの反応である。

健康に不安があり、家にいても居場所がない。そういう人に、わたしはスポーツ自転車に乗ることを強く勧めたい。スポーツ自転車で新しい生活をはじめる。そんな選択肢もあるのだ。そのことを、多くの人びとに伝えていきたい。

ところで、スポーツ自転車というのはなんだろう? ふつうの自転車とどこが違うのだろう?

日本では軽快車と呼ばれる車種が自転車の主流となっている。いわゆるママチャリというやつだ。このママチャリ、世界的にはぜんぜん主流になっていない。ほとんど日本だけで乗られている、特殊な自転車である。

自転車が歩道を走るという、ひじょうに特殊な状況の中からママチャリは生まれた。

こう書くと、「えっ、自転車は歩道を走るものじゃないの？」と驚く人がいる。

もちろん、歩道を走るものではない。自転車は道路交通法で軽車両に分類されている、立派な車両だ。車両が歩行者専用道である歩道を走るなんて、異常以外の何ものでもない。この異常事態は、一九七八年からはじまった。その年まで、自転車はちゃんと車道を走っていた。歩道を走るなんて、論外だった。だが、いきなり進んでしまった日本の車社会化に道路整備が追いつかず、自動車と自転車の事故が急増しはじめた。それにあわてた警察当局が、暫定的処置として、状況により、自転車は歩道を走ってもいいよという法律をつくった。この法律はいわば時限立法である。

必要な道路整備が完了したら、また自転車を正規の走行場所である車道に戻す。それまでは、ちょっとだけ歩道を間借りしていてちょうだい。なに、ちょっとの辛抱だよ。

そういう法律だった。

それが、どこかで忘れ去られた。メーカーは歩道を走るという状況に合わせ、新しい自転車を売りだした。歩道での暴走を避けるため、速度がでないように設計された軽快車という名のシティコミューターだ。この自転車、「軽快」というわりには、やたらと車体が重い。漕いでも漕いでも、スピードがでない。五キロ以内なら、足がわりに重宝するが、十キロ、二十キロと走ろうとすると、ひじょうにつらい思いをする。

ママチャリは日本を席捲した。仕様が完全に暫定法案の中身に合致していたからだ。いまでは主婦だけでなく、中学生も、高校生も大学生も、みなこのママチャリに乗っている。むかし、わたしたちが乗っていた実用車はほぼ完全に世間から消えた。かろうじて小学生が子供用のMTBもどき(オフロードを走るようにできていない、デザインだけマウンテンバイク風という自転車)に乗っている。

以前、スキーのツアーでカナダのバンクーバーに行ったとき、現地ガイドさんに厳しく注意されたことがある。

「レンタル自転車がありますが、絶対に借りないようにしてください。日本人は自転車に乗ると、すぐに歩道を走ってしまうのですが、それは世界の非常識です。バンクーバーで歩道を自転車で走り、歩行者と接触でもしたら、たいへんなことになります。日本に帰ることができなくなる可能性もあります。レンタル自転車は禁止ということで、お願いします」

日本の常識は世界の非常識というのはけっこうたくさんあるが、自転車の歩道走行もそのひとつなのである。覚えておくと、いいだろう。

スポーツ自転車で極楽ライフ

スポーツ自転車とは、ママチャリ以外のすべての自転車のことである。ママチャリが生まれてしまったので、便宜上、スポーツ自転車と呼んで区別しているが、自転車はみんな本来はスポーツ自転車なのである。自転車先進国であるオランダやドイツに行った人たちのレポートを読むと、彼の国では、どう見ても六十歳以上としか思えないおばあちゃんやおじいちゃんがスポーツ自転車に乗り、すごいスピードであちこち行き来しているらしい。わたしが管理している某アニメ会社のサイトにあるBBSでも、ドイツに移住した投稿者が、「日常の足にするため、ママチャリを買いに行ったらどこにも売っていない。みんな、日本では見ないデザインの自転車に乗り、猛スピードで車道や自転車道をがんがん走りまわっている」といった意味の書きこみをしていた。

自転車は速い。

重要なのは、ここだ。

速くて、楽に操れる。だから、短い時間で何十キロも移動することができる。十分に自動車やオートバイのかわりになる。ママチャリのことは、一時的に頭の中から追いだしていただきたい。

スポーツ自転車は、免許なしで誰でも乗れる。年齢を問わず、長距離移動を楽しむことが可能だ。時速三十キロで軽々と巡航するというのも、けっして夢ではない。五十四歳のわたしが一日八時間の日帰りサイクリングで走破する距離は、百六十キロである。どこかで一泊できるのなら、二百キロでも大丈夫だろう。自転車には、それだけのポテンシャルがあるのだ。

スポーツ自転車を日常のパートナーにすれば、生活は飛躍的に豊かになる。健康不安もあっという間に解消する。退職後の時間を持てあますこともなくなる。ポイントは、適切なペースと運動量だ。もちろん、スポーツ自転車生活をはじめるのは、少しでも早いほうがいい。最近は若年層の生活習慣病が大きな社会問題になっている。運動不足と食生活の欧米化、カロリーの高い間食、過度のアルコール、こういったものが、若い人たちの肉体を急速に蝕んでいる。これらの諸問題も、スポーツ自転車の導入で、わりと簡単に解決するはずだ。

テレビ番組の演出家で、自転車評論家でもある疋田《ひきた》智《さとし》さんが提唱された「自転車ツーキニスト」は、まさにその最高の解決策である。通勤の足として、自転車を用いる。それも近所の駅まで乗っていくというのではない。会社まで、片道十五キロ以上を自転車で通勤しようという呼びかけだ。その呼びかけは多くの賛同者を生み、自転車ツーキニストは、どんどんその数を増やしている。片道三十キロを自転車で通勤しているという猛者《もさ》も存在するほどだ。自転車通勤で足を鍛え、肥満体質を克服してアマチュアレーサーになった人までいる。

時間が自由になる人は、さらに有利だ。好きな時間に、好きなだけ走ることができる。わたしのような職業に従事している人とか、定年退職して、時間の余裕だけは売るほどあるなんて人が、それに該当する。ただし、自由になるぶんだけ、ほんの少し強い意志

●ロードバイク

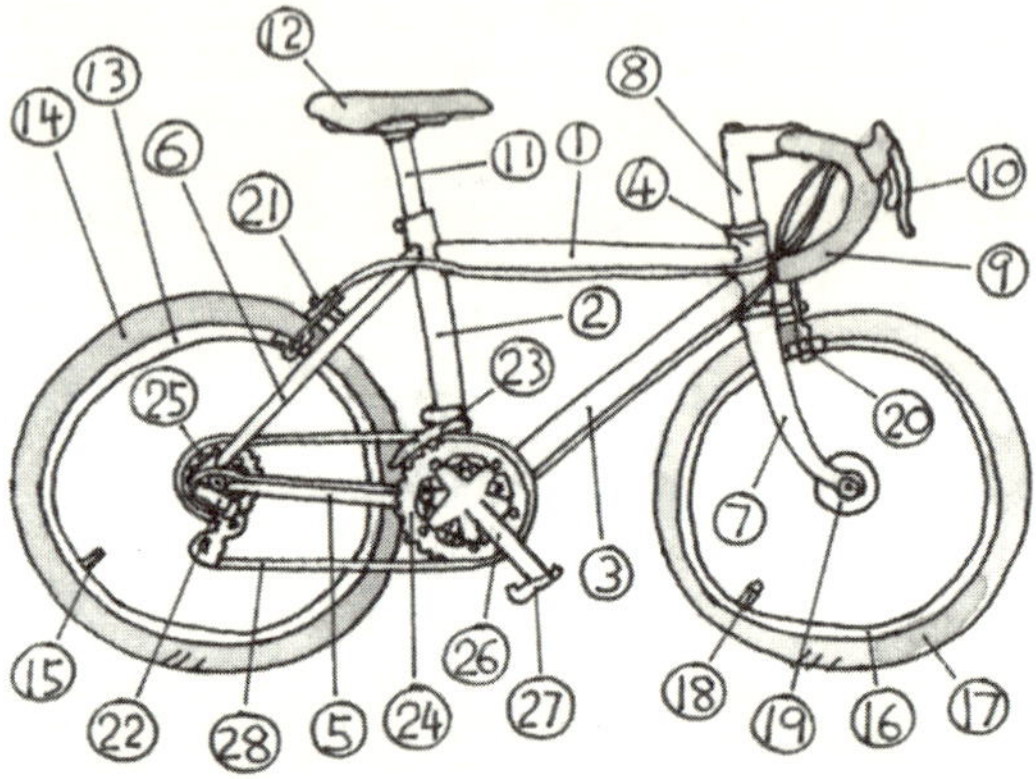

12
13
14
6
21
11
1
8
4
10
9
2
23
25
20
3
7
15
22
28
5
24
26
27
18
19
16
17

ロードバイクもマウンテンバイクも図の番号と左の表で対応してるよ
これで全部の部品ではなく、名前を書いてない部品はまだまだあるよ

●マウンテンバイク（MTB）

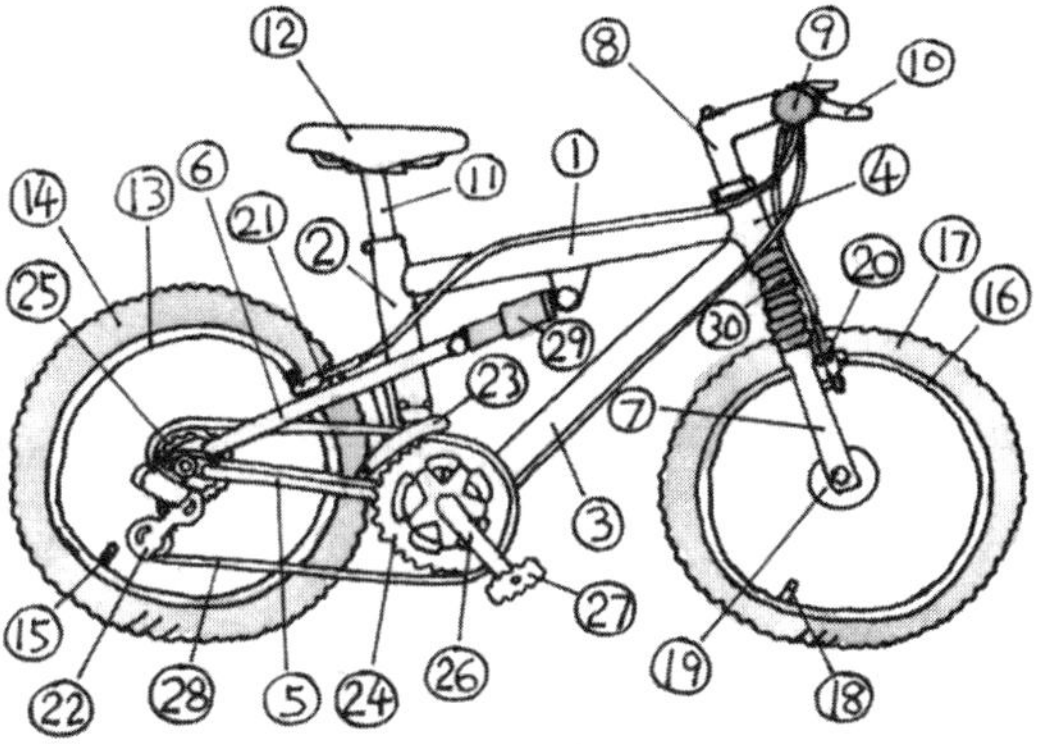

① トップチューブ
② シートチューブ
③ ダウンチューブ
④ ヘッドチューブ
⑤ チェーンステー
⑥ シートステー
（MTBでリアサス付きの場合はスイングアーム）
⑦ フロントフォーク
⑧ ハンドルステム
⑨ ハンドルバー
⑩ ブレーキレバー
⑪ シートピラー
⑫ サドル
⑬ リム（リヤのリム）
⑭ リヤタイヤ
⑮ バルブ
⑯ リム（フロントのリム）
⑰ フロントタイヤ
⑱ バルブ
⑲ フロントハブ
⑳ フロントブレーキ
㉑ リヤブレーキ
㉒ リヤディレーラー
㉓ フロントディレーラー
㉔ チェーンリンク
㉕ カセットスプロケット
㉖ クランク
㉗ ペダル
㉘ チェーン
㉙ リヤサスペンション
㉚ フロントサスペンション

が必要になるかもしれない。通勤なら、何がどうあっても会社（通学なら学校）に行くしかないが、自由に走れるとなると「きょうはちょっとだるいや。休んじゃおう」なんて気持ちになったりすることもある。これは怖い。一度休むと、ずるずる休んでしまい、結局、やめてしまう可能性がでてくるからだ。が、それを克服できるのなら、これほど効率のよいスポーツ自転車生活はない。

凝り性の人なら、年間スケジュールを決め、トレーニングメニューをつくり、それに合わせて走る曜日や時間帯を設定したりする（実は、わたしだ）。夏は涼しい早朝に走り、冬は陽射しのでてきた午後に走る。ときどき長距離ツーリングをおこない、サイクリングロードが混雑する土日祝祭日は走行を休んで足を休める。あるいは、散歩感覚で公園や名所をまわる。そんな極楽ライフが驚くほど簡単に現実のものとなるのだ。

ほとんど病人だった

ここで、わたしのことをもうちょっと詳しく書いてみよう。

わたしがはじめてスポーツ自転車を買ったのは、三十年近く前のことである。年齢は……二十五、六歳だったと思う。

とつぜん思いたち、わたしは近所の自転車屋に飛びこんだ。何も調べることなくショップに行ってしまったため、すごく基本的な注文だけをした。

軽い自転車。スポーツタイプで、バーハンドル（当時はドロップハンドルが苦手だった）。シフトは五段くらいでいい。小さくてもいいから泥よけをつけてくれ。

そんなことを店の主人にいった記憶がある。

できあがった自転車は、シフトがダブルレバーで、タイヤがチューブラーという、ハンドルがドロップでないことを除けば、ばりばりのロードバイクであった。引き渡しのとき、主人がいった。

「タイヤがチューブラーで細いから、段差を越えるときは、必ず速度を落とすこと。がつんとぶつけたらパンクするよ。できれば、自転車から降りて持ちあげたほうがいい」

うわっ、面倒なものを買ってしまった。

それがわたしの最初の感想だった。ダブルレバーも、予想以上に難物だった。いまのシステムのように、かちんかちんとギヤが一段ずつ切り替わるわけではない。手応えなく、すうっとなめらかにシフトする。だから、ちゃんとシフトできたのかどうかがぜんぜんわからない。力を入れすぎると、二速くらいすぐに飛んでしまう。あわてて戻すと、今度は戻しすぎになる。

音をあげた。慣れれば平気になるのだろうが、とても、慣れるまで待っていられない。わたしはけっこういらちなのだ。

そのころ、わたしはオートバイの免許をとった。取材で必要になったからだ。オートバイは、ものすごくおもしろい乗り物だった。あっという間に、のめりこんだ。せっかく買ったスポーツ自転車だが、ほとんど乗らないまま、知人に進呈した。オートバイさえあれば、ママチャリも必要なかった。自転車のことは、完全に忘れた。

十二年ほど前のことだろうか。四十代になったあたりだ。

体調に異変が生じた。

頸椎《けいつい》と腰椎の椎間板ヘルニアを発症した。症状は軽かったが、首に負担のかかる重いヘルメットの使用を禁止された。冬の間、がんがん通っていたスキーも、転倒するとまずいということで、できなくなった。腰痛がひどくて、テニスもやめた。肺の良性腫瘍が見つかり、人生初の入院、手術というのも経験した。

そして、数年前。

血液検査の数値が、予想外に悪くなっていることがわかった。それはそうだろう。運動もせず、一日中書斎にこもって動かない生活がずうっとつづいていたのだ。魚が嫌いで、肉と卵が大好き。揚げ物大歓迎と、食事の好みも最悪だった。

コレステロール値が高い。血圧も高い。体重は八十四キロで、体脂肪率は二十四パーセント。ウエストまわりは九十センチ近かったんじゃないかな。

生活習慣病の一歩手前と診断された。いや、もう片足くらいは入りこんでしまっていたのかもしれない。

さすがにあせった。気がつくと、もう五十歳になっている。気持ちだけ若くても、肉体はついていかない。老化し、体力も代謝も大きく衰えている。こんな生活をつづけていたら、必ず大病をする。そういえば、先輩作家や同世代の友人たちがそうだ。癌を患った人、糖尿病を宣告された人、心臓や血管の病《やまい》で入院した人、みんな大なり小なり、なんらかの症状、病気をかかえている。これはもう他人事ではない。

そんなときに疋田智さんが書かれた『自転車生活の愉しみ』という本を読んだ。一読して、わたしは心の中で叫んだ。

そうだ。自転車があった!

人生のパートナー

すぐに近所の自転車ショップに走った。二〇〇二年の二月だ。国産のクロスバイクを買った。バーハンドルで、泥よけ付き。変速は二十一段である。

二十数年ぶりのスポーツ自転車は、かつてのそれとは完全に別物だった。グリップシフトになり、タイヤのサイズは700×28C。ママチャリからみるとすごく細いが、スポーツ自転車のタイヤとしては、やや太めである。そのため、段差にそれほど気を遣う必要がない。とにかく、これは乗りやすい。スピードも十分にでる。

しばらくは、どこに行くにも、この自転車を使った。

だが、しばらくすると、わたしはこのクロスバイクが物足りなくなってきた。もっとスポーツっぽい自転車に乗りたい。そう思った。

自転車雑誌で、我が家の近くに神金《じんがね》自転車商会という老舗のショップがあることを知った。明治時代からつづいているショップで、オーダーバイクでとくにその名が知られている。骨董品のような店舗の外観も、ショップとしての実績も、わたしのような初心者ライダーには、ちょっと敷居が高そうな店だ。

しかし、びびっていては希望の自転車を入手することはできない。わたしはえいやとばかりに店の中に入り、神金の親父さんに、自分がどういう自転車を欲しているのかを語った。いま考えてみると、それはかなりでたらめな注文ばかりだったのだが、親父さんは「できますよ。それ」といい、仕様書を書いてくれた。ドロップハンドルにロードバイクコンポ、泥よけ付きで、フレームはクロモリ。スポルティーフと呼ばれるスポーツ自転車の仕様書だった。

ひと月後、自転車が完成した。

できあがったスポルティーフは、いい自転車だった。はじめてのドロップハンドルにも一日で馴染むことができた。いまの自転車は、ドロップハンドルであっても、手もとでシフトができる。ブレーキレバーとシフトレバーが一体化しているのだ。

が、まだ何かが違う。自分が求めていた自転車は、これではない。そんな思いがふつふつと湧いてきた。

ロードバイクだ。クロスバイク、スポルティーフと乗り継いで、ようやくわたしは自分が何に乗りたかったのかがわかった。

純競技用のマシンである。ランス・アームストロングがツール・ド・フランスで乗っているような自転車。四輪でいえば、F1カーだ。考えてみると、わたしはスキーでも競技用のトレーニングをおこなってきた。コーチを通じて全日本クラスの選手用機材を調達し、回転と大回転の練習を毎日していた。レースにこそでていないが、気分は選手のそれである。そういうスポーツとの接し方が、わたしの理想とするものだった。

自動車を趣味としていたら、F1カーに乗るなど、夢のまた夢である。個人で買える価格の代物ではない。かりに買えたとしても、公道を走ることができない。飾って眺めるだけのオブジェとなる。

自転車はそうではなかった。けっして安くはないが、それでもそこそこの値段で、ランスがツールで乗っている自転車と同じものをふつうに買うことができる。それにまたがり、町なかを自由に疾駆することができる。

わたしは五十歳になっていた。最後のチャンスだと思った。ここで乗らなかったら、もう一生、ロードバイクには乗れない。体力が自転車に見合わなくなる。

かなり悩んだが、結局、わたしはロードバイクを注文した。ランスが乗っていた、TREKの5500だ。明らかにオーバースペックである。が、そんなことはどうでもよかった。ラストチャンスなら、最高グレードに乗らなくちゃいけない。五十歳を過ぎたわたしに、ゆっくりとグレードアップしていく肉体や時間はどこにもない。まず乗る。そして、走る。

この決断は、大正解だった。

いま5500は、わたしの人生のパートナーとなっている。5500のない生活は、まったく考えられない。そういう存在の自転車となった。

ショップを探す

スポーツ自転車で健康を取り戻そう。きょうから自転車生活に入ろう。そう決意して自転車を買いに行く。しかし、ショップがない。近所にあるのは、ママチャリ専門の自転車屋か、ホームセンター、スーパーだけだ。そういうことは珍しくない。

ショップ探しの第一歩は口コミである。スポーツ自転車に乗っている友人が近所にいたら、その人に紹介してもらう。でも、そういう友人、いないことが多い。わたしもそうだった。

つぎに打つ手は自転車雑誌である。毎月二十日に自転車雑誌が発売される（休日と重なるときは、その前日）。これを買ってきて、広告を見る。そこに全国のスポーツ自転車ショップが載っている。

インターネットを使える環境にいる人なら、これを活用するのがいちばんだ。自転車関係の掲示板で「どこそこにいいショップはないですか？」と問えば、すぐに教えてもらえる。雑誌で見つけたショップについて「ここの評判はどうでしょう」と尋ねると、これもすぐに反応が返ってくる。もっとも、この評価はあまりあてにならない。

Aさんが最悪といっているショップが、Bさんにとっては最高のショップであることが少なくないからだ。ショップには相性というものがある。他人の評価はあくまでも参考にするものであって、鵜呑みにするものではない。いいショップかどうかは足を運び、自分の目で見て確認する。これが原則だ。わたしは三軒まわって、いまのショップにたどりついた。その結果には、とても満足している。

なお、パーツ購入については、インターネットショップがお勧めである。安いし、品数が豊富だ。購入後のサイズ交換に応じてくれる店もある。活用をお勧めしたい。

毎日、走ってやる

5500を買って、最初に決めたのは、「毎日走る」ということだった。クロスバイクやスポルティーフは、乗りたいとき、外出の用事ができたときにふらりと乗っていた。ただ走るためだけに走るということはなかった。

そもそもロードバイクというのは、実用の役にはまったく立たない。荷台も、かごも、スタンドもついていないからだ。荷物を運べないし、そのあたりにひょいと停めることもむずかしい。車重が六～八キロくらいしかないので、鍵をかけていても、あっさりと盗まれてしまう。整備を容易にするため、各パーツが外しやすくなっていて、たとえ太いワイヤーキーで車体を柱か何かにぐるぐる巻きにしていても、車輪やハンドル、サドル、ペダルなどを奪われる可能性が高い。競技専用車の宿命である。できることはただひとつ。走ることだけだ。

ロードバイクに乗る人は、いったん出発したら、もう自転車から離れることはない。飲食もサドルにまたがったままおこなう。トイレは、我慢する。我慢できなくなったら、公衆トイレの中に自転車を持ちこみ、用を足す。

少し前に、歌手の忌野清志郎さんが愛車のロードバイクを盗まれた。百六十万円もする自転車だ。信じられない話である。このランクのロードバイクを目の届かない場所に駐輪させるなんてことは、わたしには考えられない。自転車仲間内でも、これは話題になった。さすがは人気歌手。目が届かなくても、ぜんぜん気にしなかったのだ。すごい。みんなで感嘆した。わたしたちには、絶対にマネできない。屋内に入れて保管するだけでは気がすまず、夜は抱いて寝るね。

ただ走るだけの自転車を購入した――となれば、やることはほかにない。ただ走る。ひたすら走る。それのみだ。

5500を入手したわたしは、まず二時間でどれくらい走ることができるのかをたしかめてみた。

走る場所は、多摩川サイクリングロード（略して、多摩サイ）にした。信号がなく、自動車の邪魔をしない道路。しかし、歩行者がいるので、ある程度、道路幅が広くないといけない。もちろん、自宅から近いことも重要だ。でないと、そこに行くだけで疲れきってしまう。多摩サイは、その条件にぴったりと合致した道路だった。

さっそく多摩サイに行った。二時間、必死で走ってみた。

二十四キロしか、走れなかった。巡航速度は最大で時速二十三キロくらいである。これは、はっきりいって、めちゃくちゃ遅い。遅いが、二〇〇二年十月のわたしには、それが限界だった（注・瞬間なら三十キロオーバーもあったが、その速度で巡航はできなかった）。

一日の走行距離を二十四キロと定めた。走行時間を二時間としたのは、それがやはり毎日走るときの体力的限界だろうと思ったからだ。月曜日から金曜日まで、週五日、多摩サイを二十四キロ（自宅から多摩サイまでの移動距離を含む）走る。目安となる走行時間は二時間。雨の日は休む。自転車や歩行者が多く、楽しく走るのが不可能な土日祝祭日も、きちんと休む。無理はしない。坂も登らない。健康を第一とする。そういう方針を立てた。

走りはじめて、すぐに週五日走行はできないことがわかった。トレーニングには、必ず回復時間が必要となる。詳しくは他の章で書くが、わたしの場合、三日つづけて全力で走るのは不可能だった。さっそくスケジュールを変更した。5500で多摩サイを走るのは、月火木金の週四日。走らない日は可能な限り足を休めるが、スポルティーフやフォールディングバイクでのちょい乗り、ポタリング（八十二頁参照）くらいはやることもある。そんなふうに変えた。

それ以降はきちんとローテーションを守り、ひたすら走った。はじめたのが十月の末だったので、多摩サイに行くのは、午後からにした。十三時半から十五時半あたりである。もう少し遅い時間帯にしたかったが、冬の日没は早い。ぐずぐずしていると、日が暮れる。暗くなってからの多摩サイは恐怖である。照明がほとんどないので、自転車のライトひとつでは何も見えない。

十一月に五十一歳になり、年が明けた。もちろん、正月も三日目あたりから走った。花粉症の春が過ぎて、わたしの大好きな夏がやってきた。

多摩川の四季・秋

週に四日、多摩川サイクリングロードを走るようになってから、もう三年以上になる。

走りはじめたのは、二〇〇二年の十月三十日だ。秋真っただ中、もう晩秋といっていいころである。

秋は、自転車をはじめるのにいい季節だと多くのライダーがいう。熱射病の心配が消え失せ、汗まみれになることも少なくなる。陽焼け止めを塗る手間からも解放される。

しかし、秋が平年並みの気温だと、わたしにはちょっと寒い。二〇〇五年のように夏日がつづくような秋が、わたし向きである。

例年、十月半ばころに自転車ウェアの衣更えをする。半袖ジャージを長袖に替え、レーシングパンツ（レーパン）にレッグウォーマーをプラスするのだ。ただし、その前、九月の終わりあたりから、アームウォーマーをつけている。レーパンも、膝下までであるスパッツタイプのものに変更する。寒さに敏感なわたしは、いちどきにすべてを替えるということをしない。少しずつ冬の準備をしていく。ジャージの下に着る下着も、じょじょに生地の厚みが増す。グローブも指切りをやめて、フルグローブ（薄手）にする。それと、走る時間帯も移動する。夏は早朝に走っている。八時から十一時の間だ。衣更えのあとは、正午から十五時の間に走るようになる。

秋の午後は、赤とんぼが多い。しばしばぶつかる。気温が高い日は、蝶々もけっこう乱舞している。モンシロチョウかモンキチョウだ。それと、道路を横断している毛虫やバッタがやたらと目につく。轢《ひ》きたくないので、可能な限りよけて走るようにしている。以前、季節は忘れたが、蛇がサイクリングロードを横断しているのにでくわしたことがある。さすがに、これをよけるときは冷や汗をかいた。

そして、ある日、ふと気がつくとそこかしこで咲いていた彼岸花が姿を消し、河川敷一面がすすきの穂に覆われている。風が冷たい。陽射しが短くなっている。まだ十五時なのに、なんとなく空が暗い。西のあたりが心なしか赤みがかって見える。

冬が近いなあ。と、わたしはため息をつく。いい季節はすぐに終わるのだ。木枯らし一号が吹く日は、もうすぐそこまできている。

一気に健康体

夏になる直前に、また血液検査をした。

すべての数値が正常になっていた。コレステロール値など、低すぎるとドクターにいわれたくらいである。むろん、血圧も下がった。下が八十前後になった。体力がついたのだろう。走行距離も少しずつのびていた。早い時期にきりよくしようと二十五キロに変え、五月には五キロのばして三十キロにした。巡航時の最高速度も、わりとコンスタントに二十五キロを超えるようになった。

これはいい。勢いづいたわたしは、気候がよくなってきたので、走行時間帯を午前中に移し、さらに精進をつづけた。

多摩サイ走行開始から一年、二〇〇三年の十一月に、一日の走行距離が四十キロになった。走行時間も少し増えて、二時間十五分くらいになった。

そして、二〇〇四年。多摩サイ走行開始二年目の夏に体重六十四キロ、体脂肪率十四パーセント台を記録した。二十キロ、十パーセント以上の減量に成功したのだ。もちろん、副作用はまったくない。いや、ひとつだけあった。着られる服がどんどん減りだした。ズボンもシャツもゆるゆるである。あれこれ買い換えなくてはいけない。思わぬ物入りだ。一日の走行距離は五十キロ。走行時間に変化はない。そう。巡航速度もかなり向上した。脚は完全に筋肉質となり、一緒に温泉に行った友人に感嘆された。いやもう、最高の気分である。あまり気分がいいので、多摩サイのコースを変更した。坂を追加したのだ。

わたしは、向かい風と上り坂が嫌いだった。自転車のレースに、ヒルクライムというのがある。スキー場などにある距離二十キロ前後の急な上り坂を、ただ淡々と登るだけの競技。それがヒルクライムである。

正直いって、ヒルクライムをやる人の心が、わたしにはまったくわからなかった。あんなの、つらいだけである。冗談じゃない。そう思っていた。

だが、体重が軽くなると、意外にも坂が登れるようになった。我が家の近所には坂が多い。せいぜい三～五パーセントの坂ばかりで急坂というほどのものではないが、坂は坂だ。どこに行くにも、その坂を登ったり、下ったりしなくてはいけない。けっこううんざりしていた。

ところが、気がつくと、その坂を登るのが苦にならなくなっていた。というか「楽しいじゃん、坂登り」とまでいいだしていた。ヒルクライムには征服感が伴う。急坂を登りきったときに味わう爽快な感覚だ。これは、一度、厳しい坂を登ってみないと、どうしてもわからない。で、登ると、やみつきになる。

コースに入れたのは、聖蹟桜ヶ丘のいろは坂だ。登坂距離は七～八百メートル。勾配は四～十パーセント（推定）。短いし、とくに急坂でもないが、毎日走れば、それなりの訓練にはなる。これで、定例の走行距離は五十五キロになった。

坂を登るようになってから、体重と体脂肪率の減少が加速された。

二〇〇五年の九月、多摩サイ走行開始から三年目を前にして、わたしの体重は五十八キロ弱にまで落ちた。体脂肪率は、実に八パーセント台である。十パーセントを切るのが目標だったが、六月にそれを達成したあと、一気に九パーセントも切ってしまった。

自転車はすごい。

自転車はいい。

自転車は楽しい。

いまわたしは、胸を張ってそう断言する。

最近は、多摩サイを離れ、近郊の峠にも足を伸ばすようになった。大垂水峠《おおだるみ》や和田峠などだ。道志《どうし》みちを行く山伏峠を越えての山中湖往復百六十キロ走行もおこなった。多摩サイでの巡航速度は楽に三十キロをオーバーしている（見通しのよいところのみ。平日限定走行なので、ほとんどの場合、良好な見通しが得られる）。坂は、いろは坂に加えて記念館通りを追加し、定例走行距離は六十キロになった。

体力に自信のない人。健康に不安を抱いている人。無趣味な人。時間を持てあまし、一日中ぼおっとして過ごすしかなくなっている人。それらすべての人びとに、わたしは

愛車 TREK5500と現在のわたし（2006年2月撮影）

自転車を勧める。走行に使うのはスポーツ自転車、できればロードバイクがいい。先にも述べたように、自転車と思うと目が丸くなるほどに高価だが、ナナハンのオートバイよりは安い。その価格で、F1クラスのスーパーレーシングマシンを手に入れることができる。こんなことは自転車以外では絶対にありえない。

スポーツ自転車を買おう。買って、毎日数十キロ（二十〜五十キロ）を走ろう。

体脂肪率十パーセント以下は、けっして夢ではないのである。

食事とサプリメント

わたしの自転車ダイエットに、食事の制限も含まれているのか？　と問われることがある。

正直に答えよう。含まれている。わたしがやっているのは、低インシュリンダイエットだ（詳細は、いっぱい出版されているガイドブックを読んでいただきたい。インターネットで検索して情報を得てもいい）。GI値の低い食品を選んで食べる。高い食品は、GI値を低くするため、食前に低脂肪牛乳を飲む。ただし、量の制限はほとんどない。というか、ものすごく食べる。友人と食事をしたとき、わたしに合わせて食べた友人は、翌日、体重が三キロ近く増えていたという。

ふだん心がけているのは、朝と昼にしっかりと食べるということだ。そして、夕方に軽食をとり、夕食を軽めにしている（しかし、なかなか軽めにはできない）。夕食後は、もう何も食べない。アルコールを飲むことがあるが、つまみはなしである。

さらに、サプリは摂っているのか？　と訊かれることもある。これは、かなりたくさん摂っている。人間、三十歳を過ぎたらいろいろな成分を自力で調達できなくなる。若いときはまったく摂らなかったが、最近は積極的に利用している。

自転車に乗る前に必ず飲むのが、BCAAだ。アミノ酸である。マルチミネラルも服用する。これは走行中に汗で失われるミネラル分の補給だ。また、走っている途中でクエン酸も飲む。筋肉疲労の解消効果を期待して採用した。そのメカニズムは、次頁のクエン酸サイクルの図を見ていただきたい。運動中にクエン酸を補給することで、エネルギーが発生し、疲労回復効果があらわれるのだ。

走り終えて帰宅したら、すぐにホエイプロテインを飲む。質のいい蛋白質の補給だ。運動で傷ついた筋肉の補修には蛋白質が要る。それで摂ることにした。だが、それら

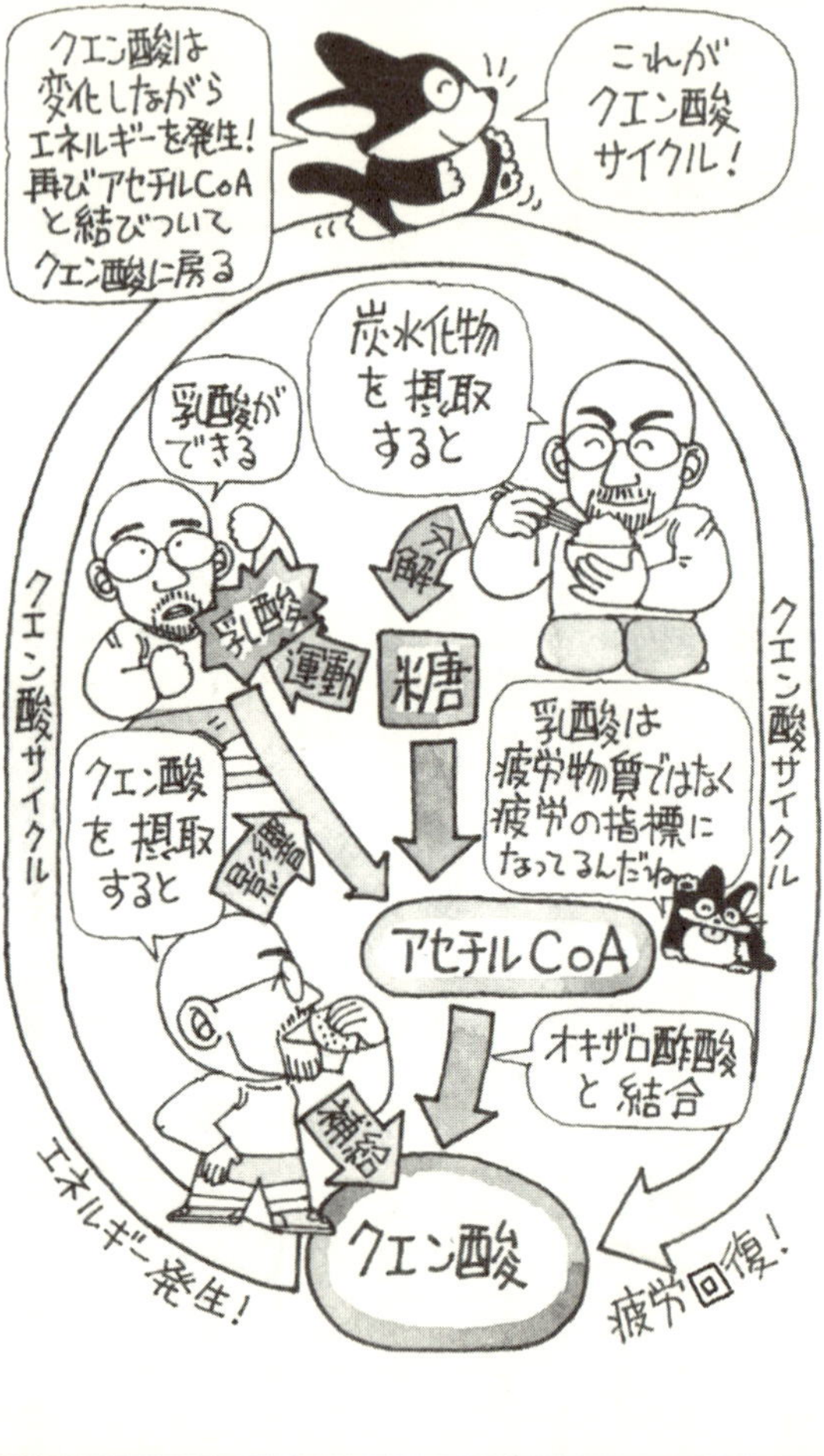

クエン酸は変化しながらエネルギーを発生！再びアセチルCoAと結びついてクエン酸に戻る
これがクエン酸サイクル！
炭水化物を摂取すると
乳酸ができる
分解
糖
乳酸
運動
乳酸は疲労物質ではなく疲労の指標になってるんだね
クエン酸を摂取すると
影響
アセチルCoA
オキザロ酢酸と結合
補給
クエン酸
クエン酸サイクル
クエン酸サイクル
エネルギー発生！
疲労回復！

クエン酸サイクル

のサプリが本当に効果をあげているのかどうかは不明だ。効果については、かなりの部分を気分が占めているのではないかと思う。過大な期待はしないが、それなりに付き合っていく。それがサプリに対するいちばんいい姿勢ではないだろうか。

第二章　自転車にもいろいろある

クロスバイクを買った

疋田智さんの本を読み、自転車復帰を決めたときに最初に考えたのは、どのスポーツ自転車を買うかであった。

スポーツ自転車といっても、いろいろな種類がある。ランドナー、スポルティーフ、シクロクロス、ロードバイク、リカンベント、ＭＴＢ……。ＭＴＢはさらにクロスカントリー、フリーライド、ダウンヒルなどに分かれる。あと、ＢＭＸ、トライアルといった、わりと特殊な車種も広義のスポーツ自転車である。そして、新顔でクロスバイクというのも出現していた。ＭＴＢとロードのよいとこどりをしたというフラットバータイプの実用向け自転車だ。

まずはカタログを集めた。近所の自転車ショップでもらってきたので、国産車ばかりになった。この時点で、外国製のスポーツバイクを買うという考えは、どこにもなかった。スポーツ自転車は外国製が主流ということも、知らなかった。

最初に探したのは、二十数年前に買った自転車によく似た車種である。700Cというタイヤサイズで、フラットバー。泥よけは必須。ギヤはそんなに多くなくていい（十四段もあれば十分と、思いこんでいた）。車重は十キロ前後。

クロスバイクという耳慣れないカテゴリーの自転車が、それに近いということがわかった。

クロスバイクには二種類ある。MTB寄りとロード寄りだ。両者のハイブリッドバイクなので、それぞれの特徴が設計思想によって強くでる。その区別は、タイヤの太さでおこなう。タイヤの幅が二十三ミリから二十八ミリくらいまでがロード寄り。二十八ミリから三十八ミリくらいまでがMTB寄り。わたしは、そのように判断した。カタログには、700×28Cとか、700×32Cなどといった形で表記されている。

わたしがほしかったのは、ロード寄りのクロスバイクだ。そこで、28Cの自転車をチェックした。ここで必要になるのが、予算である。いくらまでだせるか。それによって希望する自転車が購入可能かどうかが決まる。

当時、スポーツ自転車を乗りつづけられるかどうか不安だったわたしは、五万円を目安にした。五万円までなら、この決断が失敗だったとしても、致命的な出費にはならない。いくつか候補が見つかった。前述したとおり、すべて国産メーカーの自転車である。

つぎにショップをどこにするかを考えた。

ネットで調べたら、けっこう大きなショップがそれほど遠くないところにあった。息子のママチャリを借り、そこに行ってみた。

主力販売車種はママチャリだが、スポーツ自転車もそこそこ多く扱っている店だった。スポーツ自転車のいわゆるプロショップではない。

店に入り、カタログを見せて、店員に相談した。

店員の反応は、いまひとつだった。なんか、あまり親切ではないのだ。といって、無愛想というのでもない。その後、プロショップに行くようになってわかったのだが、ママチャリ主力の店の店員は、やはりスポーツ自転車に関する知識がプロショップよりも浅い。だから、いくら質問しても、パーツやカスタマイズについては、詳しく解説してくれない。というか、できない。スポーツ自転車を扱ってはいるものの、それはただ販売しているだけだ。グレードアップなどの面倒を、完璧に見てくれるわけではない。ま

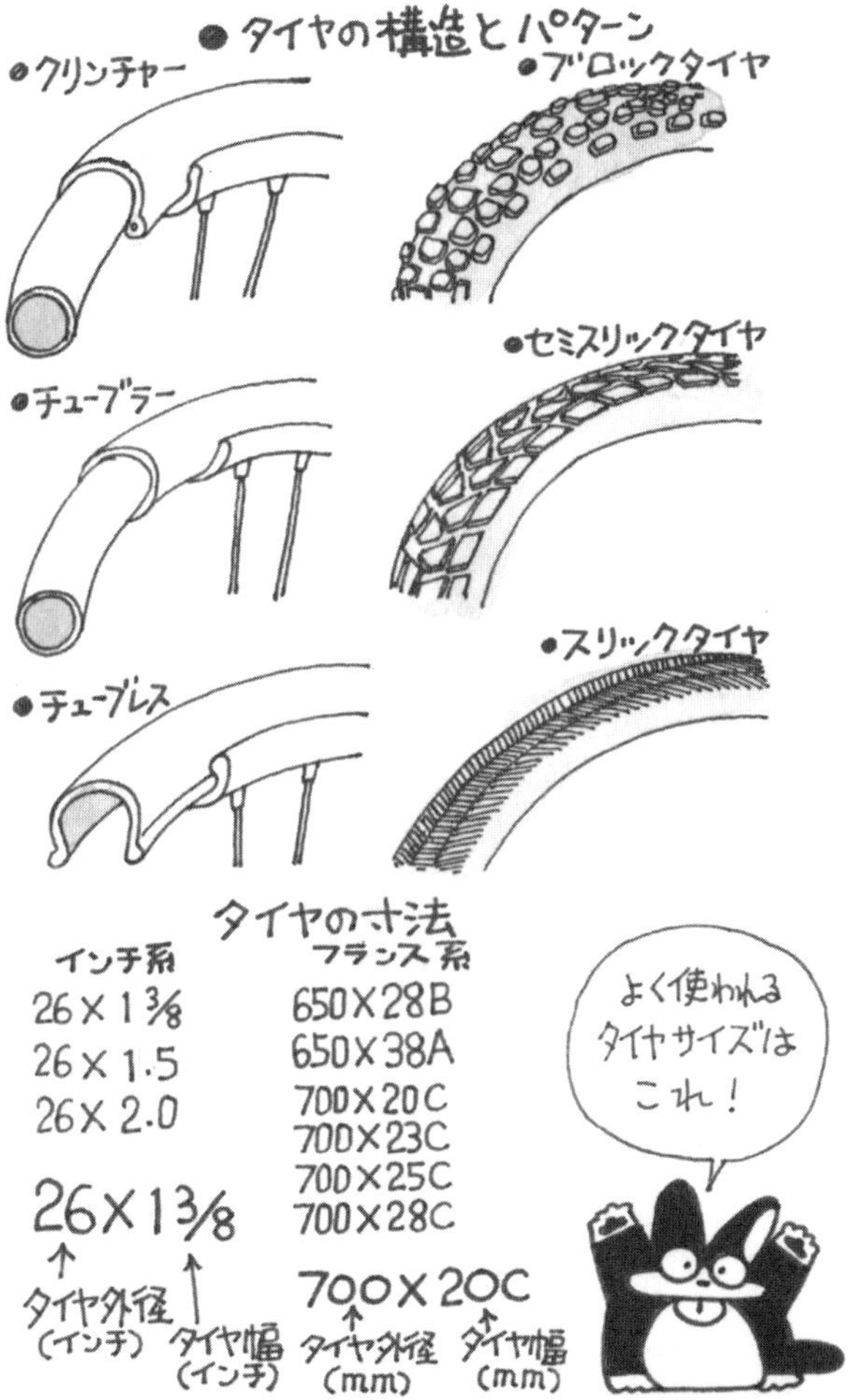
●タイヤの構造とパターン
●クリンチャー
●ブロックタイヤ
●チューブラー
●セミスリックタイヤ
●チューブレス
●スリックタイヤ
タイヤの寸法
インチ系
フランス系
26×1 3/8
26×1.5
26×2.0
650×28B
650×38A
700×20C
700×23C
700×25C
700×28C
26×1 3/8
タイヤ外径
(インチ)
タイヤ幅
(インチ)
700×20C
タイヤ外径
(mm)
タイヤ幅
(mm)
よく使われる
タイヤサイズは
これ!

タイヤの種類とサイズ表

た、それを要求するほうも間違っている。そのように理解しておかなくてはいけない。

それでも、商品についてのアドバイスを受け（ほとんどが「カタログには掲載されているが、短期での入荷はむずかしい」とか、そういう話だった）、車種を決めることができた。ブリヂストンのクロスバイクである。大型販売店だったので、けっこう値引きしてくれた。この手の店に関しては、これがいちばんのメリットだろう。

クロスバイクは、すぐに届いた。乗った感想は、はっきりしている。

万能タイプだ。なんにでも使うことができる。買い物、通勤、ポタリング、トレーニング。どれも、そこそこにこなすことが可能だ。これ一台あれば、日常の足に不自由することはほとんどない。

しかし、万能であるがゆえの欠点もある。

おもしろみに欠けることだ。のめりこむ体質の人は、どうしても物足りなくなる。よくいえば万能だが、悪くいえば中途半端だ。クロスバイクというハイブリッド車種の宿命。そうとしか、いいようがない。

スポルティーフをオーダーした

クロスバイクのつぎにわたしが求めた自転車はスポルティーフである。神金自転車商会でオーダーした。

このときまで、わたしは二十数年前に買った最初のスポーツバイクの幻影を追いかけていた。純粋に走ることだけを楽しみたいという意識は、かけらもなかった。日常の足だが、それでいて走りもたっぷりと楽しめる自転車。そういうものを探していた。日常の足だから、荷物が運べなくてはいけない。雨が降っても大丈夫なように、泥よけは必須である。段差を乗り越えることもあるので、タイヤはやや太め。ハンドルは……ドロップでもいいかな。

そんな漠然とした感じで神金さんに注文をだし、結果としてスポルティーフをつくることになった。

スポルティーフはちょっと太めの700Cタイヤを履いた、ドロップハンドルの中短距離ツーリング車である。見た目はロードバイクに泥よけをつけただけといった感じで、

650A、あるいは650Bといった、あまり見かけなくなってしまったサイズのタイヤを履いたランドナーのような長距離キャンピングバイクではない。あまり正確な表現ではないが、テントなどを積んで日本一周をするのならランドナー、旅館泊まりで二〜三日のツアーに旅立つのならスポルティーフでもオッケイといったところだろうか(ちょっと違うかもしれない)。

ランドナーは、一時期、ほとんど全滅状態にまで陥っていた。より頑丈で、タイヤの入手が容易なMTBにシェアを奪われたからだ。しかし、最近になって、その人気がまた復活している。神金さんでも、新規のランドナーを組み立てている光景をしばしば目にするようになった。いわゆるレトロ趣味によるものだろうか。新しもの好きのわたしとしては、ちょっと理解がむずかしい。

注文したスポルティーフは、ひと月ほどで完成した。すごく乗りやすいバイクで、できあがってからも、細かいパーツをあれこれと交換し、最終的にはわたし好みの通勤車仕様につくりあげた。これは、わたしが自転車通勤をテーマにした漫画、「じてつう〜自転車通勤者たち」という作品の原作を書いたためである。自宅で執筆しているので、わたしは通勤をしていない。そこで、通勤の感覚をつかむことを狙い、理想の通勤車をつくってみたのである。だが、そうやって理想の自転車に仕立てあげたとき、わたしは気がついた。これも、わたしが乗りたいと思っていたバイクではないと。

ここで、重要なことを書いておく。

この時点までで、わたしはクロスバイク➡スポルティーフと自転車遍歴をしてきたが、これは、あくまでもわたし個人に限られたケースである。もしかしたら、他の人はクロスバイクでどんぴしゃ大当たりになるかもしれない。あるいはつぎのスポルティーフで、ほしいのはこれだったんだと納得してしまうかもしれない。実際、最初に買ったクロスバイクはそうなった。息子に渡したのだが、息子はこれをいま通勤及びトレーニング用に使っていて、自転車はこれとママチャリだけで十分だといいきっている。息子にとっては、このクロスバイクがどんぴしゃだったのだ。

しかし、競技志向の強いわたしは、もっと速い、もっとレーシーな自転車をからだが欲していた。それが二台乗り継いで、はっきりとわかった。自分で自分のことをちゃんと理解していなかったのである。

そこで、ハイエンドのロードバイクを清水の舞台から飛び降りるつもりで買った。前章で紹介したTREKの5500、フルデュラエース仕様である。完全なプロ仕様のレース専用バイクだ。乗る人が乗れば、これで本格的なロードレースに出場できる。というか、そのための自転車である。五十歳を過ぎたおっさんがサイクリングロードをちんたら走っているのがちょっとおかしいグレードのマシンだ。が、これで問題はない。市販されている自転車を誰がどう乗ろうが、文句をいわれる筋合いは皆無だ。

「お金はある。まるっきりの初心者であっても、どうせ買うのなら、最初から最高のものを買いたい」と思ったあなた。その考え方は正しい。わたしは、その決断を支持する。優越感、満足感、最高のものを所有する喜びは、何ものにも代えがたい。目的はなんであれ、これは趣味である。趣味に無意味などという非難は存在しない。趣味だからこそ、身の丈に合わぬ最高級品に手をだす。他人の目を意識する必要はどこにもない。きっぱりと断言しておこう。

自転車を持ち運びたい

現在、わたしは合計で四台の自転車を所有し、それらを適時乗りまわしている。スポルティーフ、ロードバイク、ママチャリ（軽快車）、フォールディングバイクである。フォールディングバイクとは、折り畳み自転車のことだ。ロードバイクのあとに買った。パナソニック（ナショナル自転車）のライトウイングというモデルである。

折り畳み自転車には、熱烈なファンが存在している。折り畳み自転車と小径タイヤの自転車だけを扱ったムックが何冊もでているほどだ。もちろん、折り畳み自転車にもスポーツ自転車のカテゴリーに入るものが何車種もある。わたしが入手したライトウイングも外装七段変速で、仕様的にも、性能的にも立派なスポーツ自転車といっていい。

旅先に持っていき、気軽に乗ることができる自転車がほしい。

そう思ったのが、ライトウイングを購入するきっかけとなった。５５００を買ってから三か月後のことだ。

輪行《りんこう》という言葉がある。

自転車を公共交通機関で遠隔地に運び、そこでサイクリングをするときに用いられる。輪行は、ロードバイクでもできる。前後ホイールを外し、袋に入れた状態なら、電車に自転車を持ちこむことが許されている。追加料金などは必要ない。無料だ（袋は、専用のものでなくてもいい。また、ホイールを必ず外す必要もない。事実、ごみ袋でロードバイクをそのまま包み、ガムテープで封をして輪行している猛者もいる）。

輪行ほど大袈裟ではないが、遠くに行くときに折り畳んだ状態で自転車を運び、目的地でそれに乗るというのは、けっこう魅力的な話である。疲れたときや、雨が降ったときに折り畳んで電車に乗るという手も使えそうだ。うまくいけば、自転車による行動範囲を大きく広げることができる。

さっそく手ごろな自転車を探した。

条件はふたつ。

多段変速車であること。軽いこと。

むずかしいことに、この要望は相反したものになっている。多段変速装置をつけると、必然的に自転車は重くなる。そうでなくても、折り畳み自転車は、折り畳むための強度を保つ必要があるので、どうしても重量が増す。小径小型車なのに、あまり軽くならない。

わたしの所属事務所——スタジオぬえの同僚であるイラストレーターの加藤直之さんは、折り畳み自転車のエキスパートだ。愛車はパナソニックのトレンクル6500で、フレームがチタンでできているこの折り畳み自転車は、重量がわずか六・五キロしかない。このトレンクルを加藤さんは大幅に改造し、多段化させて、がんがん乗りまわしている。これは、折り畳み自転車の理想形のひとつといっていいだろう。

ただし、これをマネすることはできなかった。

トレンクルは安くないのだ。ノーマル状態で、定価は二十万円近い。それに多段化などの改造をごっそり施すと、さらに数十万円を投入しなければならなくなる。加藤さんのように、それをメインの自転車にするのなら、そういう選択肢もありだ。が、わたしは違う。わたしのメインはロードバイクである。5500を購入したとき、ローディ(ロードバイクに乗っている人のこと)になる道を選択した。輪行を想定したときのみ使う自転車に、そんな予算を割くことはできない。しかし、希望に添う価格の自転車は、重量的に難がある。はっきりいって、重い。

結局、予算が優先された。とはいえ、価格と外装七段であることを考えると、ライトウイングはけっして重すぎる自転車ではない。むしろ、軽い部類に入っている。この価格で、この仕様は、かなりお得である。

買って、すぐに改造を施した。タイヤ、チェーンリング、クランク、ペダル、シートピラー、サドル、ブレーキといったパーツを変更した。これらのパーツの詳しい意味や交換する理由は、少し専門的になりすぎるので、本書では割愛する。自分のからだに合うよう改造を加え、走りやすい自転車を時間をかけてつくっていくのは、自転車生活の醍醐味のひとつだ。しかも、工具さえあれば、これらのカスタマイズ作業は誰にでもできる。いま、ライトウイングは5500に次いで、もっとも距離を乗っている自転車になった（使用頻度自体は、やはりママチャリが高い）。たとえば、我が家から御徒町《おかちまち》までだ。彼我の距離は二十キロ以上ある。このコースを、わたしはライトウイングで気軽に往復する。折り畳み自転車を侮ってはいけない。そのポテンシャルは、驚くほど高いのである。

ＭＴＢはひたすら頑丈

ＭＴＢ——マウンテンバイクは、高い人気を保っている。子供たちが乗っている自転車を見ると、そのほとんどがＭＴＢタイプである。ここで「タイプ」と書いたのは、それがデザインだけのＭＴＢであるからだ。この自転車で、オフロードをがんがん走ることはできない。この手のＭＴＢ風自転車は子供向けだけでなく、成人用としても、多く売られている。ホームセンターの自転車売場等に置かれているＭＴＢは、みなこのＭＴＢ風自転車だ。自転車乗りは、このタイプを「なんちゃってＭＴＢ」とか「もどき」とか「ルック車」などと呼んでいる。あまりいいイメージの呼称ではない。どちらかといえば、否定的である。

デザインだけＭＴＢは、すぐにわかる。売られている自転車に「悪路走行禁止」とはっきり記されているからだ。価格でも区別がつく。でこぼこだらけの荒れた非舗装路を走るための自転車である。頑丈につくってなかったら、あっという間に壊れてしまう。走行中にハンドルが外れたり、フレームが折れたりしたら、取り返しのつかない大事故に至る。しかし、強度をあげるために重量を無制限に増やしたら、今度は自在に操ることが不可能になる。スポーツ自転車は、軽さが命だ。ジャンプしたり、荒れた急坂を登ったり下ったりするMTBも、それは例外ではない。

頑丈かつ軽い自転車は、どのように設計しても価格が高くなる。五万円以下で、そんな自転車をつくることは、誰にもできない。最低でも八万円以上。草レースにでるとなると、十万円台……いや、二十万円台、三十万円台のモデルでないと、とてもお勧めできない。

わたしはMTBを持っていない。理由は、持病のためである。椎間板ヘルニアだ。これのおかげで、わたしは飛んだり跳ねたりがあまりできない。重いヘルメットをかぶることもできない。MTBでオフロードをかっ飛ぶと、症状が悪化する可能性がある。ロードのヘルメットはすごく軽いので、問題なしだ。ジャンプや段差越えもない（うかつにやったら、自転車が壊れる）。だから、ロードには乗ることができている。

乗ってはいないが、スポーツ自転車を語るのに、MTBを外すことはできない。先にも書いたが、高い人気を集めている自転車だ。友人にも、ちゃんとMTB乗りがいる。

会社員のKくんが「減量したいので、スポーツ自転車を買いたい」と相談してきた。「どれにする?」と尋ねたら、「MTBがいい」という答えが返ってきた。なるほど、とわたしはうなずいた。

Kくんはからだが大きい。身長は百八十センチ以上、体重は九十キロをオーバーしている。

こういう体格の人は、ロードに乗るのがむずかしい。とくにハイエンドモデルはだめだ。ハイエンドモデルは、F1カーなどと同じで、純粋レーシングマシンである。ぎりぎりまで軽量化されていて、耐久性がかなり犠牲にされている。そういう自転車の場合、乗り手に体重制限が課せられる。厳しいものだと、それが六十五キロくらいであったりする。そういうモデルでなくても、八十キロ以上の人が乗ると、フレームの寿命に影響がでるというロードバイクは少なくない。わたしも、いちばん太っていたときはロードに乗るのがむずかしい体重だった。それをクロスバイクとスポルティーフで少し減らし、七十キロ台前半になったところで、5500を買った。ちなみに、折り畳み自転車にも

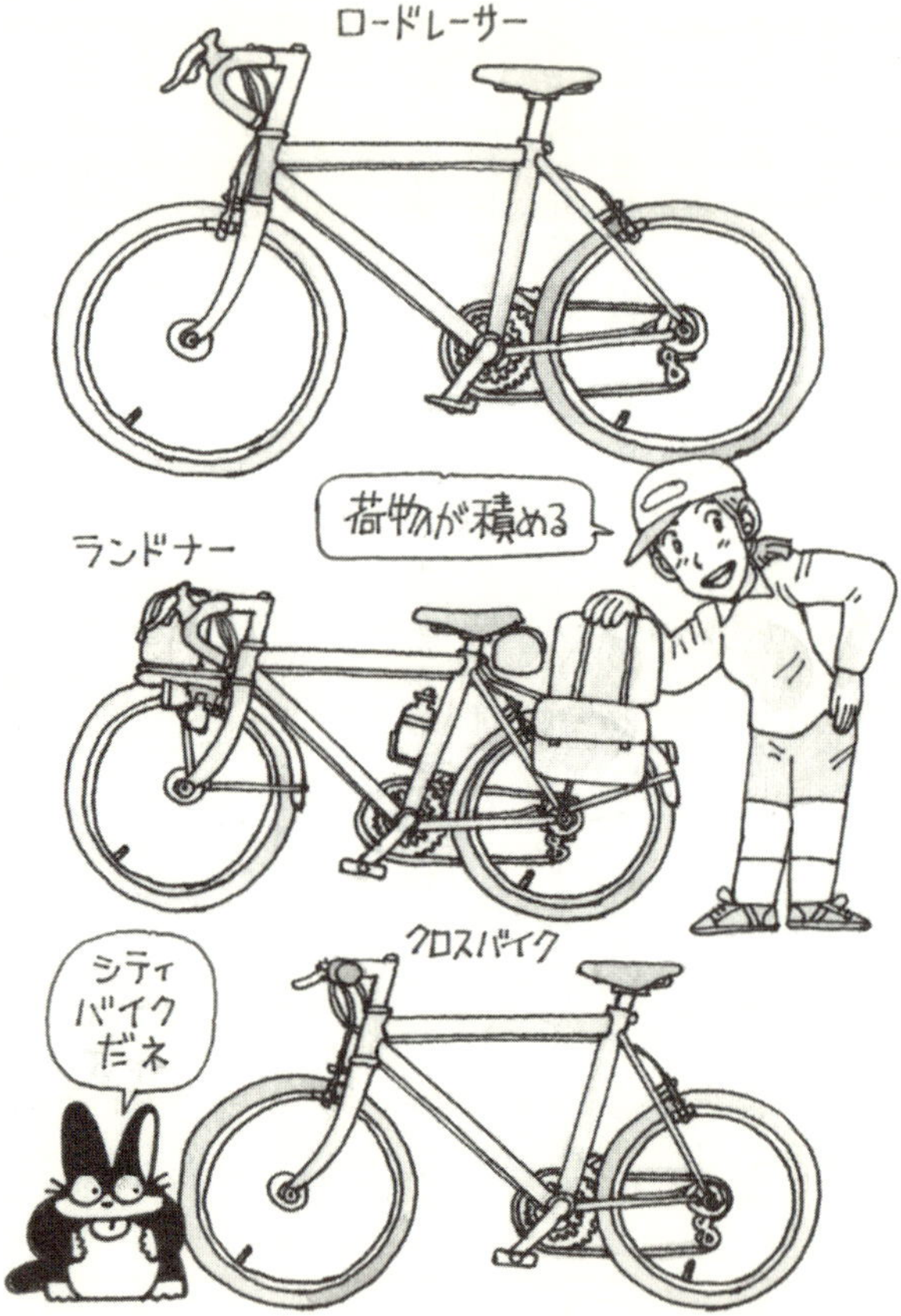

スポーツ自転車の種類

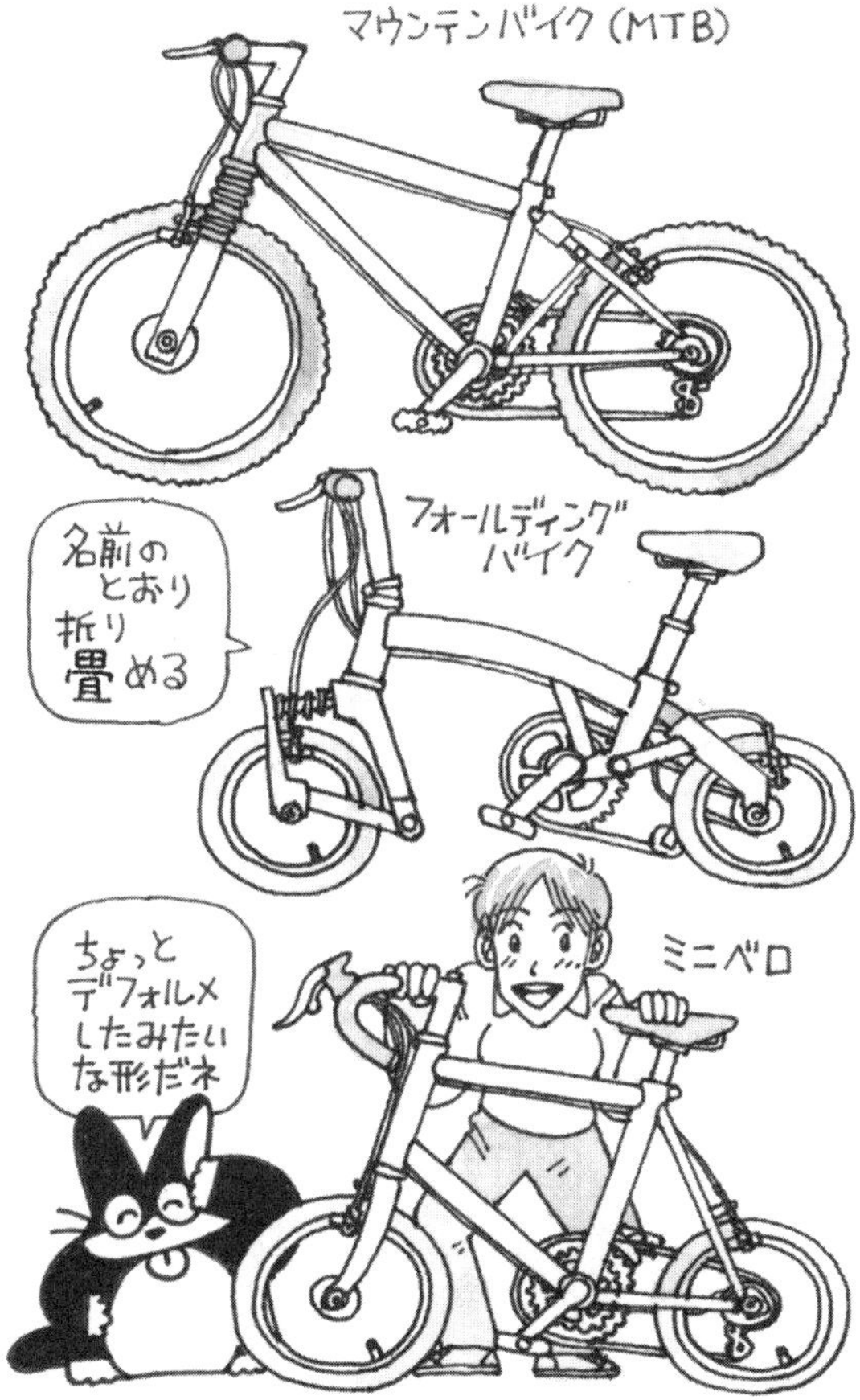
マウンテンバイク(MTB)
フォールディング バイク
名前のとおり折り畳める
ミニベロ
ちょっとデフォルメしたみたいな形だネ

シビアな体重制限がある。ライトウイングの使用説明書にも、ちゃんと印刷されている。引用してみよう。

この車種は、乗員体重を65kgで基本設計いたしております。従って、いちじるしくオーバーした体重の方が、常用された場合は、消耗度合や劣化度合が大きくなることがあります。

この厳しい制限が、MTBにはない。ほかにも理由があったが、日常の足としても使うスポーツ自転車にKくんがMTBを選んだのは、至極当然のことであった。

MTBをマルチに使う

MTBを買うことになったKくんに対し、最初に訊いたのは、用途と総予算であった。MTBのユーザーの中には、オフロードを走らない人がたくさんいる。となると、仕様もそれに伴って変化する。自転車のグレードにも、影響がでる。

「街乗り専門です」と、Kくんはいった。「オフロードを走るつもりはない」とも、付け加えた。予算は、諸経費込みで十〜十二万円ほど。できれば、おしゃれな外国製がいい。

じゃあということで、推薦した数台の中の一台が、ルイガノのBARTだった。八万円くらいのクロスカントリーモデルである。MTBとしてはひじょうにベーシックなタイプだが、もちろんルック車ではない。

「これにスリックタイヤを履かせて乗るのがいいと思う」……わたしはそういった。

MTBは無骨なブロックタイヤを履いた状態で売られている。これはオフロード専用のタイヤで、荒地では強力なグリップ力を見せるが、舗装路ではそれが逆に作用し、走りがとてつもなく重くなる。街乗りでアスファルトの上しか走らない人だと、これは力の無駄遣いだ。疲れるだけで、自転車が前に進まない。乗り心地も相当に悪い。

そこで、スリックタイヤの出番だ。スリックといっても、四輪タイヤのそれのように表面が完全に溝なしになっているわけではない。ここでいうスリックとは、いわゆるふつうのタイヤのことである。タイヤをこれに替えると、走りが劇的に変わる。オフロードを走らないのなら、絶対にそうしたほうがいい。

Kくんは、BARTを買い、タイヤをスリックタイヤに替えた。予算の差額でヘルメットとグローブ、ウェアもそろえた。いまは、多摩サイを早朝に走っている。

では、オフロードも楽しみたいと思っている人はどうすればいいのだろう。

オフロードが主体になるのなら、ブロックタイヤのまま乗りつづけるのがよい。舗装路は我慢である。べつのMTBを買った知人は、ほかにクロスバイクもロードも持っているので、MTBを純粋に非舗装路用自転車として使っている。この人は、ブロックタイヤのままだ。オフロードをブロックタイヤで走ると別世界があらわれると、わたしにいう。ロードやクロスバイクではずるずると滑ってとても走れなかった場所を、かなりの速度ですいすいと走破することができる。その爽快さは格別だ。最高の気分を味わえると断言する。要するに、餅は餅屋ということだ。

とはいえ、世の中にはどちらかひとつに絞りきれない方も存在する。

通勤などでふだんは街乗りに使うんだけど、休日には郊外のオフロードを全力で走りこみたい。そんな人もいる。

そういう人には、ホイールの追加購入をお勧めする。自動車でよくやっているのではないだろうか。ふだん使うホイールとはべつに、スタッドレスタイヤ用のホイールを一セット用意する。で、スキーシーズンになったらそれに入れ替え、雪道をチェーンなしで気軽に走る。実はスキーをやっていたころのわたしがそうだった。

この手は、自転車でも有効である。問題は、ホイールとタイヤのほかに、スプロケットももう一組必要になることだが、これはそのつどつけ替える手間を惜しまなければ、買わないですませることも可能だ。価格は前後で二万円台からある。ロードの話になるが、わたしは5500用に三組のホイールをそろえた。平地用、峠用、固定ローラー台用である。それぞれに違う歯数で組み合わせたスプロケットをつけていて、交換は一分以内で完了する。こうすることでホイールも長持ちするし、走りもすごく楽になる。予算に余裕があるのなら、ぜひ採用していただきたい。快適度が大幅にアップする。これは間違いない。

ところで、MTBでもダウンヒルを希望される人は、ちょっと特殊な話になる。荒れた急峻な山道を、ただひたすら下るためだけに設計されたダウンヒルバイクは、あまり街乗りに向かない。しかも、クロスカントリー用のMTBよりも、さらに高い耐久性が要求されるから、価格がいきなり跳ねあがる。ダウンヒルとなると、四、五十万円というのはふつうじゃないかな。テレビか何かで見て「かっこいい！」と思い、最初にいきなりダウンヒルバイクを買ってしまった知人がいたが、かれは結局、自転車に乗るのをやめてしまった。高価なダウンヒルバイクは、部屋の隅で邪魔者と化しているらしい。これは、本当に不幸な話だ。何があっても避けていただきたい。そう願っている。

リカンベント

友人のSさんはリカンベント乗りである。わたしが自転車に復帰する前から愛用している。

リカンベントは、おもしろい自転車である。バケットシートに仰向けになってすわり、天を見上げるような形でからだより少し上の位置にあるクランクをまわして走る。床に仰向けに寝て膝を持ちあげ、ペダルを漕ぐマネをすると、それがリカンベントの乗車姿勢になる。車輪の径は、おおむね小さい。ハンドルがレバーのような形で、からだの横についているモデルもある。最近、流行っているので、町なかで見かける機会も多くなった。

　リカンベントの長所は、速度が速いことだ。ライダーが寝ているため、前面投影面積が減少し、空気抵抗が小さくなる。風は自転車の大敵だ。速度の二乗に比例する空気抵抗が、自転車の速度を殺す。事実、リカンベントは公式レースでは走ることができない。速度差が大きすぎるからだ。手軽に高速走行を楽しみたい人、腰に不安がある人に、リカンベントは向いている。

　デメリットは、坂に弱いことだ。ペダルに体重をのせることができないリカンベントは、急勾配が苦手である。もちろん、ダンシング（立ち漕ぎ）もできない。平地では飛ぶように走っていたリカンベントが険しい坂にかかると、いきなり失速する。構造上、これはどうしようもないことである。

　それと、リカンベントは目立ちすぎる。これはメリットであり、デメリットでもある。友人は停まっていると、子供に囲まれるといっていた。すごいすごいとはやしたてられ、質問攻めにあったりするらしい。これを楽しめるかうるさく思うかは、ライダーの性格次第だ。そして、目立つわりには、自動車からの視認性が弱い。車高が低いので、ドライバーの視線から外れたり、バックミラーに車体が映らなかったりするのだ。これは、明らかにデメリットである。リカンベントによっては、車体に旗を立てていたりする。視認性を高めるための苦肉の策だ。

リカンベント乗りはリカンベントを絶賛する。リカンベントを普及させようとして、さまざまな活動をおこなっている。わたし自身、自転車に戻るのならリカンベントにしろと、Sさんにけっこう勧められた。その甲斐あって、リカンベントは車種も台数もずいぶん増えた。ふつうの自転車に近いポジションのソフトリカンベントというタイプも発売された。目立ってなんぼを身上としている人、あなたにはリカンベントがよく似合う。候補のひとつに入れてみてはいかがだろう。

ママチャリも侮れない

ここまで、スポーツ自転車のことだけを書いてきた。軽快車——いわゆるママチャリについては、ほとんど触れていない。書いたのは、ママチャリが日本独自のもので、長距離走行にはまったく適していないということと、近所での買い物といった限られた用途だと力を発揮するが、健康増進、体力回復といったスポーツ的用途にはほとんど使えないといったことだけである。ママチャリのことは一時的に頭の中から追いだしていただきたい、なんてことまで書いてしまった。

しかし、「そんなことをいわれても」と、とまどわれる方も少なからずいるのではないだろうか。「日常の買い物用として、必ずママチャリが要る。そのほかに室内保管を前提としているスポーツ自転車を何台も持つなんてことできないよ」と、難色を示される方はけっこう多いはずだ。その気持ちはよくわかる。

先に述べたように、わたしも、わたし専用のママチャリを一台持っている。使用頻度もひじょうに高い。気軽に乗れて、気軽に駐輪場に停められる。荷物は積めるし、雨で濡れても気にならない。頑丈で、メンテナンスも最小限ですむ。本当によくできた自転車だ。このママチャリでスポーツ走行ができれば、もはやいうことなしである。

残念ながら、ママチャリをロードバイクやＭＴＢの代わりに用いることはできない。だが、クロスバイクの代替品には、工夫すればなる可能性がちょっとだけある。通勤、通学、ポタリング。こういった用途の場合、十分に代用できるママチャリが存在している。ここでは、それを紹介しよう。

スポーツ自転車で、もっとも重要なことは何か？

重量である。重い自転車は、それだけで長距離走行の阻害要因となる。二キロ、三キロの距離ならなんとかなっても、十キロ、二十キロとなると、車重が走行意欲を奪っていく。

一般的なママチャリの車重はカタログ値で十七キロから二十キロ程度である。装備重量だと、さらに数キロ、重さが増す。正直、これは相当につらい。この車体に大量の荷物を積むから、平均時速が十五キロ以下に落ちる。ゆえに、歩道を走らないといけなくなる。この速度で車道を走るのはあまりにも危険だ。

軽いママチャリがあれば、ママチャリでスポーツ走行というのも夢ではなくなる。理想は車重十キロ以下だ。耐久性などで、それが無理というのなら、十二キロ以下くらいでもいい。

車重十二キロ以下のママチャリは、ちゃんと販売されている。これ一台で、すべてをすませたいという人は、こういうママチャリを入手していただきたい。そして、少し改造を加える。そのままだと、いくら軽くても、それはママチャリである。それ以上のものになってくれない。

いちばんやってほしい改造。それは、シートピラー（シートポスト）の交換だ。正しい乗車ポジションを得るためである。

ポジションは重要だ。これをきちんとやらないと、肉体に悪影響がでる。腰痛、肩こり、膝の故障といった重大な障害の原因になりかねない。逆に、ポジションを正しくしたとたんに、すべての肉体的不具合が改善されたという例をしばしば目にする。ロードバイクの場合、その調整のシビアさはときに〇・一ミリ単位に及ぶ。

シートピラーは股下長に合わせて、高めに設定する。だが、ママチャリ付属のシートピラーは、そのほとんどが適正長に満たない。停止時の足つきのことだけを考えているためだろう。わたしはＭＴＢ用のシートピラー（長さ三百五十ミリ）を装着することで、この問題を解決した。身長が百八十センチを超える友人は、四百ミリのものをあらたに買って、交換した。これだけで、ポジションが格段によくなった。適切な改造をしてママチャリでスポーツ走行。このチャレンジによって自転車の本当の意味がわかったら、あらためてスポーツ自転車の導入を考える。それもまたひとつのアプローチといっていいだろう。

さて。

自転車を選び、手に入れたら、つぎはどう楽しく乗るかという話だ。この本の趣旨は、そこにある。だから、ランドナーやＢＭＸといったややマニアックな用途の自転車は紹介の対象とならない。あしからず、ご了承いただきたい。

自転車保管法

スポーツ自転車は原則として室内保管となる。外に置いておいてもいいが、盗まれる確率が高い。風雨にさらされると、パーツが錆びる。アルミパーツであっても、表面が白くくすむ。これは酸化現象だから、錆と同じである。

スポーツ自転車が盗難に遭いやすいのは、やはり車重が軽いからだと思う。鍵がかけてあっても、軽いからそのまま持ちあげて奪われてしまうのだ。友人でマンションの駐輪場にMTBをチェーンロックをかけて置いていた人がいたが、ある日、忽然と消え失せていた。いつも置いてあるので目をつけられ、ワイヤーカッターなどを用意した上で盗みにきたらしい。新車に買い換えた友人は、以降、室内保管することにした。

というわけで、室内保管が原則なのだが、問題は家庭の事情である。わたしはいま5500とスポルティーフの二台を室内保管している。折り畳み自転車も入れたかったが、これは無理だった。このように、室内保管は屋内の空きスペース確保との戦いになる。家族からのクレームも、少なくない。

二台の自転車は、専用のバイクラックに吊るしてある。バイクラックはいろいろなものが市販されている。横に掛けるもの、縦に吊るすもの、窓枠を利用するもの、バーにサドルをひっかけるだけのものなど、けっこう多彩だ。家の条件と予算に合わせて、選ぶといい。ネットで調べると、狭い場所に何台もの自転車を工夫して収納している人が少なからずいることがわかる。それらのアイデアを参考にするのもいいだろう。やり方次第で、自転車はそこそこスマートに室内保管が可能になる。わたしも、もっと研究し、よりすっきりと多くの自転車を収納できる方法を模索していくつもりだ。

第三章　毎日、楽しく乗りまくろう

趣味と連携プレー

健康管理、体調維持、ダイエットなどを考えると、自転車には、可能な限り毎日乗ったほうがいい。その場合、一キロ離れたスーパーにちょっと買い物に行くなどというのは、乗ったうちに入れない。スポーツ自転車に乗るのだ。ここは時間単位で乗るようにすべきである。三十分、六十分、九十分、百二十分……このあたりで、自分に見合った乗車時間をいったん決めてしまうといいだろう。

ベテランの自転車乗りは、みなこのやり方を推奨する。三十分としたら、十五分走り、Uターンして戻ってくるのだ。走行距離は意識しない。ただし、走行速度はある程度のレベルを保ったほうがいい。そのためにも、スピードメーターは必需品となる。

わたしは日課にはしていなかったが、スポルティーフを買ったときは、一回の走行時間を九十分ほどとしていた。それで、からだを慣らしていたので、ロード導入時には、二時間走行が可能になっていた。いまは坂などをコースに入れるようにした関係で、二時間二十五分などという半端な走行時間になっている。が、基本は二時間のままだ。レース出場をめざす人はべつとして、連続二時間というのは、ほどよい数字なのかもしれない。

とはいえ、毎日決まった時間をただ走るというのは、けっこうむずかしい話である。なんらかの工夫をしないと、つづくものではない。適当にはじめてしまうと、まず間違いなく三日坊主で終わる。人間の意志なんて、そんなに強くはない。暑いといっては休み、寒いといってはさぼり、最後はやっぱり面倒だったといってやめてしまう。

いまのわたしは、風邪が怖い。わたしの風邪は喉からくることが多いのだが、この風邪、完治のタイミングがひじょうに読みづらい。よくなってきても、喉のいがいが感、全身のだるさなどが残っている気がして、走行再開に踏みきることができない。無理に走って喉の痛みがぶり返したら、また数日、走れなくなる。しかし、再発を恐れて、ずうっと走らないでいると、走らないことが日常になり、今度は違う意味で走行再開が困難になる。

そういう意志の弱さをどのようにして克服し、自転車走行をいかにして日常生活の一部に組みこむか。多くの人が、さまざまに工夫をしてきた。時間単位で走るというのも、その工夫のひとつだ。走行の目安を時間単位にするメリットは、負荷を速度で調整できるということである。

走行速度はある程度のレベルを保てと書いたが、これは高速で走りつづけろという意味ではない。スポーツ自転車に乗ってみるとすぐにわかるが、時速二十キロあたりで巡航なんてのは、びっくりするくらい簡単にできる。いや、時速二十キロなどという「低速」で巡航するのは、逆にむずかしい。追い風だったりすると、知らぬ間に三十キロ近い速度になっていて、あわてることもある。重要なのは、スポーツ走行を意識した上で、可能な限り、楽に走るということだ。苦しみながら走ってはいけない。それは肉体的にも、精神的にも悪影響がある。二年以上平坦路を走りつづけて、わたしは坂にも登るようになったが、それは減量によって、坂を楽しく登ることができるようになったからだ。楽しくなかったら、たぶん、いまでも坂は登っていないだろう。

わたしの友人であるBさんは、ポタリングで走行の継続を成功させた。ポタリングは、英語の potter からの派生語（米語では putter となる）で、「ぶらぶらする。うろつく」

といった意味がある。でもって、そこから転じて「自転車に乗り、自宅周辺をのんびり、ぶらぶらと散歩するように走りまわる」ことの意となった（らしい）。

Bさんは、かねてから興味のあった植物ウォッチングや小動物ウォッチングをポタリングに取り入れ、スポーツ自転車をそのための足とすることで、楽しい自転車生活を確立させた。これは、本当にいいアイデアである。趣味の幅が広がるのが、とくにいい。Bさんは高性能のデジタルカメラを買って、それで植物や動物を撮影するということもはじめたため、趣味の幅は、さらに大きく広がった。ポタリングはゆっくり走るのが基本なので、距離は伸びないが、そのぶん長時間、たっぷりと走ることができる。もちろん、スポーツ自転車で走っているから、長時間走行でも疲労は極めて少ない。ポイントとポイントの間に関しては高速移動が可能になる。楽しくじっくりと走るという意味では、これに優るものはないかもしれない。

仲間と走る

集団走行をするには、仲間が要る。友人・知人にスポーツ自転車をはじめてくれる人がいるといいのだが、なかなかそうはいかない。しかし、打つ手はたくさんある。

いちばん簡単なのは、ショップ主宰のクラブに入ることだ。スポーツ自転車のプロショップは、そのほとんどがクラブを運営している。ロードのレーシングクラブ、MTBのレーシングクラブ、ポタリングのサークル、ランドナー主体の長距離クラブ、小径車愛好会、トライアスロンクラブ、BMXやトライアルの、専門的なクラブもある。ひとつのショップでいろいろな種類のクラブを運営している店も少なくない。もちろん、五十歳以上の熟年ライダー向けのクラブも存在している。

クラブは、定期的に走行会を催している。目立っているのは、ロードレースへの参加をめざした朝練、休日練だが、ゆっくりと長距離を走るサイクリングも多い。クラブ員対象のメンテナンス講習会などもしばしばひらかれている。このあたりは初心者ライダーにとって大きなメリットだ。とくにレース出場を考えている人には、得るものが多いと思う。レースには、いろいろなしきたりがある。これがけっこううるさい。何も知らないまま草レースに出場し、不快な思いをしたローディの話をたびたび耳にする。失敗をすると、怒声、罵声を飛ばすライダーが少なからずいるのだ。失敗とは、集団内での蛇行、いきなりの進路変更、急ブレーキなどである。

ロードレースには落車がつきものだ。落車とは、要するに転倒のこと。自転車乗りは、転倒といわず、落車という。

落車は、ひじょうに危険だ。ヘルメット以外のプロテクターを何ひとつつけていない選手が、時速四十キロ以上でアスファルトに叩きつけられる。集団で走行しているから、数台から十数台の自転車が折り重なり、路面を転がっていく。自転車は壊れるし、からだも傷つく。骨折や打撲の具合によっては、選手生命すら失いかねない。ベテラン選手にいわせれば、キレやすいライダーは未熟で走行技術に乏しい人たちなのだそうだが、こういう状況を考えると、殺気立つのも無理はないと感じたりする。

クラブの練習走行では、集団内でやってはいけないこと、やるべきことを徹底的に教えられる。集団内で、選手は車間距離五センチから二十センチくらいを保って走行する。

これをドラフティングという。このドラフティング技術や手信号、水や携帯食の補給法などは、ソロでただひたすら走りまわっているだけでは、けっして身につかない。指導者から手ほどきを受けて、はじめてできるようになる。レース志向の人は、まずレーシングクラブに入る。これが必須と断言していいだろう。

サイクリング系のクラブは、なんといっても同好の士との交流が楽しい。おいしいレストランを見つけたといってはサイクリングを企画し、新しい健康ランドができたといっては走行会をひらく。MTBで泥んこツーリングというのもある。大型のバンを用意し、そこに自転車を積みこんで現地まで行き、ダートランを堪能する。こういうことはソロではなかなかできない。ベテランに走り方などを指導してもらえるから、丸っきりの初心者でも、山の奥にどんどん入っていける。自転車が壊れても、その場で応急修理してもらえるし、体力を使いきっても自宅近くまで送ってもらえる。忘年会、新年会、バーベキューパーティなど、走らなくても参加できるイベントも頻繁に催される。

残念だが、行きつけのショップにクラブがないという人は、インターネットで仲間を得ることも可能だ。有名なのは、ニフティのFCYCLEである。ニフティはインターネットのプロバイダで、サークルはそこの会員のためのサービスのひとつだが、このサークルには登録だけをした無料会員でも参加ができる。実は、わたしも無料会員だ。プロバイダとしては利用していない。

ネットサークルの人たちは、みなとても親切だ。新規参加者のための親睦サイクリングというのもあって、これからスポーツ自転車をはじめようという人でも、そういうイベントなら気軽に顔をだせる。実際、ママチャリでくる人もいる。ママチャリで参加し、いろいろ教わってからスポーツ自転車を買う。無駄やロスがなくて、とてもいい。強く推奨しておく。

仲間と♨めぐり

ひとりで毎日、多摩川サイクリングロードを黙々と走っているわたしだが、それでも一応、自転車仲間がいる。クラブらしきものも存在している。名称は「てくにか」自転車部だ。メーリングリストに参加しているメンバーの中で自転車をはじめた者が集まり、自然にできたサークルである。たまに、かれらと一緒に走ることがある。それが、温泉めぐりだ。

東京には、日帰り温泉施設がけっこうたくさんある。最近、とくに増えた。その中で、行きやすそうなところを選び、みんなで入りに行く。行きやすそうなところにするのは、帰りのことを考えるからだ。温泉でまったりして全身を弛緩させてから何十キロも自転車で走って家に帰るのは、ちょっとつらい。せっかく洗い流した汗をまたかいてしまうし、疲労感も通常よりつのる。

いまのところ、瀬田温泉（二子玉川）、多摩テック温泉（多摩動物公園）、テルメ小川（小平）、かたくりの湯（武蔵村山）といったところに行ってきた。このほか、つるつる温泉（西多摩郡日の出町）や高井戸温泉（杉並区）も候補に入っているが、残念なことにまだ実現していない。

温泉に行くときは、スポルティーフか折り畳み自転車を使う。駐輪場に何時間も停めることになるので、ロードでは行けない。仲間はクロスバイクが多い。

まず、集合場所に集まる。そこまではばらばらだ。集まったら、出発する。このときも、いわゆる集団走行はしない。各人のペースで、目的地まで自由に走る。わたしもそうだが、わたしの仲間は集団走行が苦手だ。連なって一緒に走るということができない。速い人は速く、遅い人は遅く。他人に合わせるということをしない。温泉に着いたら、また集合し直して、駐輪場に自転車を置く。このとき、ワイヤーキーで互いの自転車をひとまとめにしてつなぐ。盗難対策だ。

これまで行った中では、瀬田温泉がいちばんよかった。ここは露天風呂が広い。水着着用となっていて、男女べつべつにならないので、仲間全員で温泉を楽しむことができる。これがいい。しかも、天気がいいと、露天風呂から富士山が見える。この眺めも抜群だ。

食事をし、仲間と自転車談義をしてから、帰路につく。サイクリングロード主体のコースなので、陽が落ちる前に帰りたい。現地解散である。別れを告げ、走りだす。一般的な集団ツーリングではないが、これがわたしたちのクラブ走行だ。自由で、楽しく、適当に。これがモットーである。気の合った仲間との近隣温泉めぐり。自転車をはじめたことで、それが可能になった。自転車に大感謝である。

ひとりで走る

ひとりで走ることをソロという。

わたしは基本的にソロで走っている。自転車仲間も何人かいるが、かれらと一緒に走ることはほとんどない。近所に住んでいないし、生活時間もぜんぜん違っているからだ。サラリーマンも何人かいて、わたしが走らない土日祝祭日にかれらはソロで走っている。

ソロで走ることの利点は、自分のペースで、自分の距離を自由に走ることができるというところだ。これはけっこう重要である。同行者が自分にとってオーバーペースだとたいへんなことになるし、逆に向こうが遅いときは、それが大きなストレスになる。

問題は、走る以外に何もできないことだろう。食事はもちろん、トイレに行くのもむずかしくなる。スポーツ自転車は盗まれやすい。しかも高価である。五万円とか十万円、車種によっては何十万円もする自転車をあっさりと盗まれたら、そのダメージは筆舌に尽くしがたいほど大きい。わたしはロードで走行中、やむにやまれず公衆トイレに入るときは、その中に自転車を持ちこむ。外には置かない。ただし、大きいほうは無理。幸い、まだそういう切迫した状況に陥ったことがないので助かっているが、もしそうなったら、どうしようかと怯えている。

食事は携帯食だ。干しぶどう、カロリーメイト、チョコパイ、ゼリー飲料などを用意する。砂糖を使っていて、消化が早く、吸収率の高いものがいい。だが、ポケットの容量には限度がある。そのため、長距離走行の場合、しばしば途中で携帯食が尽きてしまう。そうなると、コンビニあたりで食料を調達するほかはない。鍵をかけたロードを、レジの背後にある窓から見える位置に置き、レジ越しに自転車を監視しながらパンや飲み物を買ったことがある。とにかく目を離したらだめだ。盗まれるときは一瞬である。油断はできない。

その点、集団走行は楽である。交替で見張りに立てばいい。それだけのことだ。全員で店に入るときは、ワイヤーキーで自転車同士をつなぐという手も使える。五台くらいまとめてつないでしまうと、さすがに盗まれることはない。とはいえ、いたずらされる可能性は残っているので、長時間の駐輪は避けたい。くやしいが、いまの日本、それほど治安がいいわけではないのである。

ソロで走るのに向いている自転車は、折り畳みバイクだ。買い物や会合にでるため都心に出向くとき、わたしは折り畳み自転車を使う。本当はスポルティーフで行きたいのだが、やはり駐輪に難がある。管理人のいる駐輪場（料金は一日百〜二百円）に停められるのなら、それでもいい。しかし、その数は、あまりにも少ない。無料の屋外駐輪場では不安が募る。わたしがママチャリをよく停めている駅前の駐輪場では、自転車がいつもひどい目に遭っている。傷つけられる。倒される。他の自転車を上に載せられる。それはもう惨澹たる有様だ。

そこで、折り畳み自転車がでてくる。これなら、いざというときは折り畳んで持ち歩いてしまえばいい。しかし、実際問題として持ち歩くのは、なかなかに厳しい。一部の超軽量車なら大丈夫だが、一般的な折り畳み自転車はけっこうかさばるし、重い。わたしの愛車の車重も十キロをかなりオーバーしていて、持ちあげようとすると、腰に響く。これをかついで十メートル以上歩く気にはとてもなれない。でも、折り畳んで店や事務所の中に持ちこむくらいならなんとかなる。ソロでポタリングを考えている人は、折り畳み自転車を候補に入れておくといいだろう。軽量折り畳みバイク、値段のほうはへビー級だが、それに見合う価値は、十分にある。長距離走行も、まったく問題ない。

先にも紹介した加藤直之さんは定価で二十万円近い折り畳み自転車を買い、それを四十万円以上かけて改造し、がんがん乗りまわしている。距離百キロオーバーのツーリングなんてふつうのことだ。さすがは高級折り畳みバイクである。コインロッカーに入るというところも、すごい。

ひとりで峠越え

九月はじめのある日、ふと思いついて、和田峠に登ってきた。

しかし、思いつきで行くと失敗するのは世の常である。あっさりと道を間違え、要《よう》倉山《ぐらやま》山中の林道に迷いこんでしまった。さまようこと、約一時間。急坂を二回往復したところで「これはおかしい」と思い、地元の人に確認した。「自転車、大丈夫。行けるよ」という。途中にあった標識にも「⬆和田峠・陣馬山」と書いてあった。しかし、これは、和田峠のある陣馬街道ではなかった。ほとんど崖崩れ状態の岩ごろごろコースに入りこんでいくと、立ち入り禁止のロープまで張ってある。「うわ、これは

「最悪だ」と叫び、冷や汗たらたらでUターン、下山した。ソロだと、こういうことが起きる。なかなか誤りに気がつかないのだ。

なんとか正しい道に戻り、あらためて和田峠めざして走りだした。だが、山中放浪で、足にはもうかなり疲れが溜まっている。それでも、行けるところまで行こうということで走った。

和田峠は、八王子界隈ではもっとも険しい峠のひとつである。ネットで検索すると、登ろうとして挫折した人のレポートが何本もある。陣馬街道と並んでのびている国道二十号のほうに大垂水峠があるが、こちらは、わりと初心者向きの峠だ。気楽に登るのなら、大垂水がいい。和田峠へのチャレンジは、それなりの覚悟がいる。

わたしは、あえぎながら登った。厳しい勾配が三キロ弱にわたってつづき、疲れ果てた脚を容赦なく攻めたてる。途中で「もうだめだ」と思った。Uターンして帰ったほうがいい、そんな考えが脳裏を横切った。

そのとき、某大学のチームジャージを着たローディに抜かれた。強いライダーで、和田峠の急坂をぐいぐいと登っていく。このローディが、坂のずうっと上のほうから「もう少しだ。がんばって」と声をかけてくれた。その声でわたしは続行を決めた。

本当にもう少しなら、まだなんとかなる。

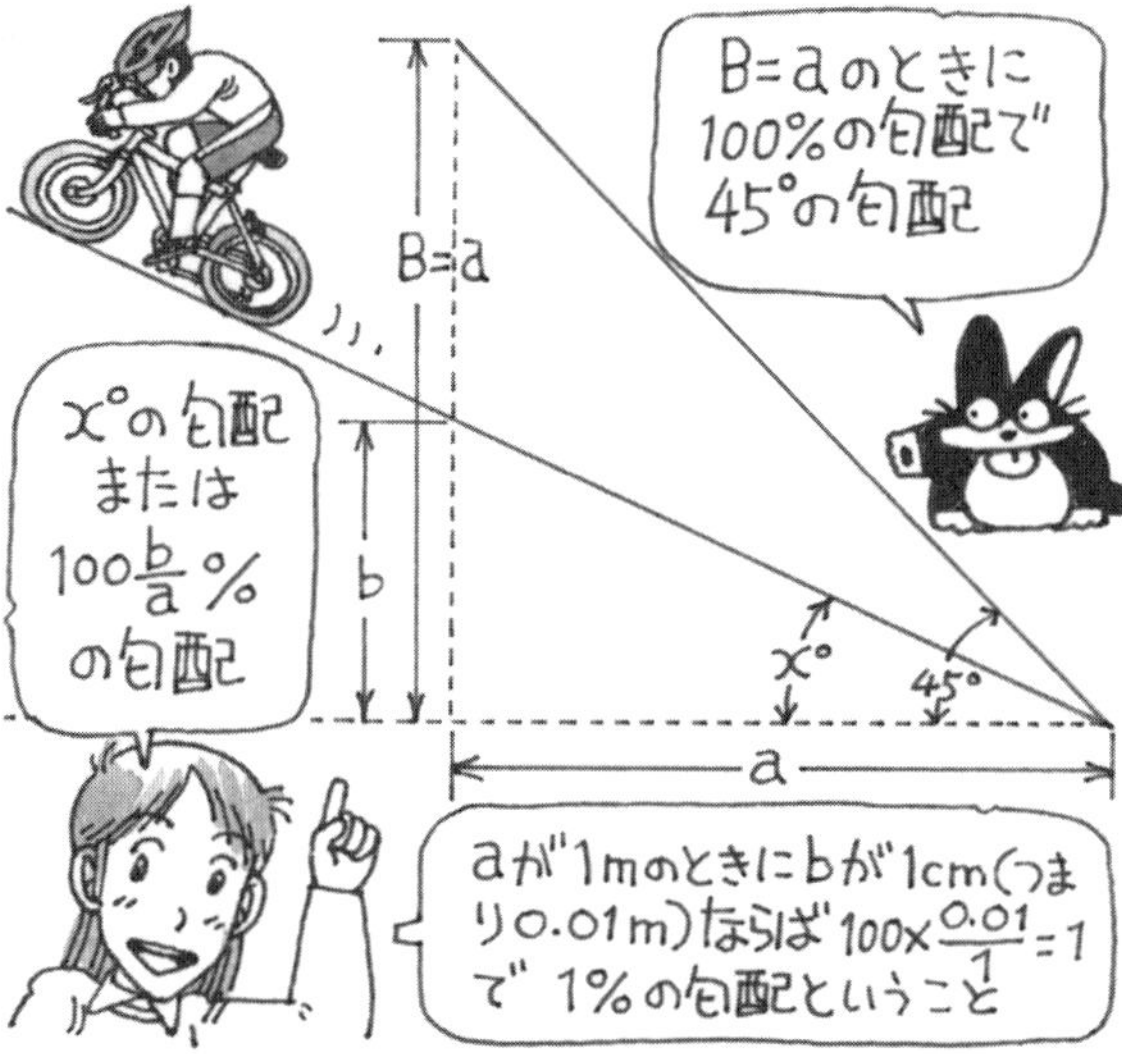

勾配の単位

コーナーを曲がると、そこは和田峠の頂上だった。売店とトイレがある。呼吸をととのえ、トイレに行って、いまきた急坂を下った。反対側に降りて二十号に入り、大垂水を登って帰宅するコースもあったが、もうそんな気力はどこにもない。疲労困憊である。

帰路は道路が渋滞していた。一般道は走りにくいと判断し、水無瀬橋東から浅川沿いのサイクリングロードに入った。家に戻ったのは、出発してからおよそ五時間後。いろいろと反省の多い峠越えとなった。

三週間後。

リベンジをおこなった。が、やはり、

和田峠はタフな坂道だった。道に迷わなくても、脚ががたがたになる。心拍数が百九十五をオーバーする。それでも、前回よりはましだったので、二十号にでて大垂水も登り、帰ってきた。つぎのチャレンジは、もう少し修行を積んでからである。登るのなら、おのれの身の丈にあった峠。それがわかったのが、最大の成果であった。

義務化もひとつの方法

わたしの場合、クロスバイクを買って自転車に復帰した直後は、とくに目的を持つことなく、ぶらぶらと適当に乗りまわしていた。時間ができたら、サドルにまたがり、そこらあたりをぶらっと走ってくるというパターンだ。

これが、実によくなかった。

ぜんぜんつづかないのである。雨が降ると、やめる。ちょっと疲れていると、家にこもる。風が強い、気温が低い、食事をしたばかりだ。

走らない理由は、いくらでも思いつく。気分で乗るということは、気分で乗らなくなるということである。それがわかった。

先日、フィットネスクラブの経営が、たくさんの幽霊会員によって支えられているという内容のエッセイを読んだ。月一万円の会費で会員になりながら、あれこれ理由をつけて通うのをやめてしまう。それでいて、なかなか脱退届をだすことができない。それすらが面倒になるのだ。それがゆえに、まったく利用もしていないのに、ずうっと会費を払いつづけている幻の会員がかなりの数に及ぶという。

読んでいて、頬がちょっとひきつってしまった。実は、わたしにも覚えがあるのだ。スイミングクラブと、フィットネスクラブだ。どちらも、最初はわりと真面目に顔をだしていた。しかし、三か月はつづかなかった。何かの都合で行くのが途切れたりすると、覿面《てきめん》にさぼりはじめる。締切優先とか、風邪ぎみだとか、あれこれ言い訳して、ふっつりと足を運ばなくなる。ひじょうに情けない。エッセイにも、行かないことからくる罪悪感が明らかに精神衛生上よくないと書いてあったが、本当にそのとおりだと思う。わたしも、常にいい知れぬもやもや感を心の隅にかかえていた。

このままでは、前と同じ結果になる。なんとか、そういう不毛な状況から脱しないといけない。でなければ、大幅減量や、血液検査の数値改善など、夢のまた夢である。

そこで、わたしはロードバイクを買ったときに決意した。

何があっても、毎日走ろう。走ることを義務化しよう。走る時間（距離）とローテーションを決め、それを守ろう。

これが万人向けの方法だとは思っていない。むしろ、特殊なやり方ではないかと考えている。実際、そう決めて買ったロードだが、それを実行に移すまでには四か月の時間を要した。六月末に購入し、多摩サイ定例走行を開始したのが、十月末だ。四か月というのは、ロードに慣れるというお題目を掲げての逡巡の日々であった。決意してはじめたら、もうやめることはできない。やめたら、敗北である。それは忌避したい。そうなるのなら、そんなこと、はじめないほうがましだ。

で、結局、ある日いきなり、毎日走ることを決めた。ふっと肩の力が抜けたとでもいおうか。とくに気負うことなく、その義務を自分に課すことができた。それまでに何回か多摩サイを走って、自分がつづけられそうな距離、時間をつかむことができたからかもしれない。自転車の価格という圧力もあった。これだけ投資しておいて、それを無駄にしたらまずい。そういう、ある意味ではせこいとしかいいようのないプレッシャーも、予想以上に効果があった。おのれの分を超えた、高価な自転車を強引に買ってしまうというのも、ひとつの手段ということだ。

その日から三年半、日課となった多摩サイ走行は、いまもきちんとつづいている。雨が降ると休む。祝祭日と重なった日も休む。それでも、途切れることはない。あとで詳しく記すが、年に二度ほどレイオフと呼ばれる長期休養期間も設定している。最初は、これをやるとやめてしまうかもと恐れていたが、そんなことはなかった。逆に走りたくてたまらなくなってくる。おかげで、十日はとるべきだといわれているレイオフだが、一週間くらいで終えてしまうことが多い。一種の自転車ホーリックになっている可能性大だ。

なんらかの方法で、走ることを義務化する。精神の負担にならないよう注意しながら、必ず走らなくてはいけないという心境に自分を持っていく。永くつづけることに秘技はない。あるのは自分の性格に見合った計画だ。計画さえうまく当たれば、あとはわりとすんなり実行できるようになる。それが、何度も失敗を繰り返してここまできた、わたしの実感である。

走る前に健康診断

スポーツ自転車で、健康かつ優雅な毎日を得ようと決意したあなた。しかし、自転車ショップに行く前にやっておきたいことがある。

健康診断だ。

若い人は、まあおおむね大丈夫だろう。だが、四十代、五十代ともなると、けっこうからだにガタがきている。わたしの場合は、腰椎と頸椎の椎間板ヘルニア、全身のだるさ、高血圧などがあった。これらをそのままにしていきなりスポーツ走行をはじめるのは、ちょっと危険である。専門家の診断を仰いでおきたいところだ。

そこで、わたしは病院に行った。人間ドックを受けてもいいが、それはかなりの出費を必要とする。症状を訴え、それをもとに検査をしてもらうと、健康保険が適用される。これを活用しない手はない。

わたしが感じていた全身のだるさは、けっして軽くなかった。もしかしたら、肝臓あたりに重大な病気が隠れているのではと思ったほどである。糖尿病という言葉も脳裏に浮かんだ。

尿・血液検査や内臓の超音波検査などがおこなわれた。状況によっては胃カメラやレントゲン、脳検査も追加されることがある。全身倦怠感といっても、原因はさまざまだ。複合的な症状である可能性も十分にある。

幸いにも、重大な障害は見当たらなかった。ただし、コレステロール値はひじょうに高かった。血圧も高めで、不整脈も記録された。もっとも不整脈は一過性の期外収縮なので、問題にはならない。原因の多くはストレスにあるといわれていて、これは適切な運動によって解消されることが多い。事実、自転車をはじめてから、発生頻度が激減した。

医師は有酸素運動をするよう、わたしに勧めた。ジョギング、速足のウォーキング、水泳、エアロビクス、自転車などである。

ジョギングはすぐに候補から外した。腰椎椎間板ヘルニア持ちに、ジョギングは無理である。同様に、速足ウォーキングやエアロビクスも厳しい。いまでもそうだが、三十分以上歩いたり立ったりしていると、わたしは腰痛に襲われる。ひどいときは、身動きがかなわなくなるほどの激痛だ。シカゴに行ったとき、この状態に陥り、わたしは真剣に車椅子の使用を考えた。そのときはすぐにホテルに戻って休むことで事なきを得たが、その体験はトラウマとなって、わたしの心の中に残った。歩く、走るは鬼門である。試す気にはならない。

水泳はプールに通わなくてはいけない。これがだめだ。フィットネスクラブ通いもそうだが、どこかに行って、そこで運動をするというのが、性格的におっくうなのである。最終的に疋田智さんの著書に出会い、わたしは自転車のことを思いだした。これが、大正解だった。

自転車生活をはじめてからわかったことだが、自転車、とくにスポーツ自転車は、腰にやさしい。

人類が腰痛持ちになったのは、二足歩行をするようになったからだという説がある。四足歩行ではかからなかった腰への負担が二足歩行になって顕在化した。そういう説だ。

実際、トレーナーの中には、一日一回二十分ほど、四つん這いになって部屋中を歩きまわるというプログラムを取り入れている人もいる。

ハンドル位置が低く、サドル位置が高いロードバイクの乗車ポジションを見ていただきたい。これは、まぎれもなく四足歩行の姿勢である。わたしがロードバイクに乗り、深い前傾姿勢をとるところを見て、多くの人が腰に悪いんじゃないのかという。だが、現実は逆だ。ポジションさえきちんと決まっていれば、腰に負担はまったくかからない。何時間でも乗っていられる。ママチャリや折り畳み自転車の上体が立った乗車姿勢よりも、はるかに楽である。そして、自転車から降りて歩きだすと、覿面に腰痛が再発する。腰痛持ちはロードバイクに乗るべし。わたしはそう断言してしまおう。

自転車通勤を利用する

いま、自転車生活でいちばん注目を浴びているのは「じてつう」こと自転車通勤である。ロードで週四日、サイクリングロードをひたすら走る。などという一種の修行のような自転車の楽しみ方はできないという人は、たくさんいる。わたしも、そう思う。わたしと同じようなことをしているらしい中高年のローディとは、少なからず多摩サイですれ違っているのだが、スポーツ自転車愛好家全体からみれば、その数は微々たるものである。そもそも、それほど時間が自由にならない。わたしのように自宅で好きな時間帯に仕事をできる人や、退職して時間を持てあましぎみの人ならいざ知らず、一般の人は、なかなかそうはうまくいかない。それが学生やサラリーマン、パートタイマー、定年後に再就職された方となると、なおさらである。

根性で早朝、深夜にがんがん走られているローディもいると聞くが、それは、かなりたいへんだ。ライトをつけての高速走行は、はっきりいって危険である。一度だけ、走っているうちに日が暮れてしまい、多摩サイをライトオンで走行したことがあるが、それはもう本当に怖かった。

歩行者が見えない。ママチャリが無灯火で走っている。犬を連れて散歩している人が、リードを長くのばしている。……帰宅して、もう二度とロードでの多摩サイ夜間走行はしないと、心に固く誓った。

自転車のライトの多くは、闇の中で路面を明るく照らすほどの光量を有していない。その目的のほとんどは、おのれの存在を他者に知らせるためにある。だから、都内の幹線道路のように街路灯が整備されている道であれば、そこそこ実用になるが、そうでない道だと、完全に無力になる。そういう状況でロードに乗り、高速でひた走るというのは、よほど慣れている人か、近所にまったく人通りのないサイクリングロードがある人くらいでないと、無理だ。

話が少しそれたが、要するに、わたしが推奨するスポーツ自転車走行ができる人は、けっこう限られているということだ。ひじょうに残念である。しかし、それが現実だ。

そこで、じてつうである。

自転車通勤は、疋田智さんの著作によって、脚光を浴びた。ここ数年は、ブームのようになり、マスコミでもしきりに取りあげられるようになった。ママチャリで最寄りの駅まで行き、そこから電車に乗って会社に行くという通勤のことではない。十キロ、二十キロという距離を走り、直接、自転車で会社に乗りつけてしまう。それが疋田さんのいわれる自転車通勤だ。疋田さんはこういう人を自転車ツーキニストと名付け、日々、その啓蒙運動に奔走されている。

じてつうのいいところは、何も構えることなく、長距離を毎日走るようになれることだ。十五キロ先に会社があるのなら、往復で毎日三十キロの走行である。これだけ走れば、運動としては十分以上だ。確実に痩せるし、血液検査の数値も改善される。

だが、本当に毎日、十五キロ先の会社まで自転車で通えるのだろうか。

ママチャリではむずかしい。手軽だが、車体が重く、ギヤ比も適切に設定されていない。時速二十キロオーバーの高速巡航はまず不可能である（やってしまう猛者も、当然いるが）。そういう用途を想定して設計されていない。それができるのは、スポーツ自転車である。

わたしのスポルティーフは、自転車通勤に向くよう装備をととのえた。「じてつう～自転車通勤者たち」という漫画作品の原作を書くためである。

じてつうは、空荷で走ることが少ない。必ずなんらかの荷物を携帯する。パソコンや書類などの仕事の道具。パンク、故障に備えての工具やパーツ。汗をかきやすい人は、着替えも必要になる。

それらの荷物を自宅から会社まで、からだに負担をかけることなく運ばなくてはいけない。それができるスポーツ自転車――それはロードではなく、クロスバイクやスポルティーフだ。

多摩川の四季・春

春はスギ花粉症患者にとって、すさまじくつらい季節だ。

わたしはベテランのスギ花粉症患者である。どれくらいベテランかというと、発症したのが、一九七三年の春というくらいベテランなのだ。三十年以上にわたり、ありとあらゆる治療法を試して、すべて効果がなかった。毎年二月の末あたりに目がかゆくなり、くしゃみと鼻水が止まらなくなる。これをもう三十数回も繰り返してきた。

花粉症は自転車乗りの大敵だ。くしゃみの発作が起きると、走ってなどいられなくなる。ハンドルはとられるし、前を見ることもできない。抗アレルギー剤とマスクというベーシックな対処法でなんとか症状を少しでも軽くしようとあがいているが、成功はしていない。

花粉症さえなければ、春は自転車乗りにとって、とてもうれしい季節である。冬が終わって北風がやみ、雪に悩まされることもなくなる。気温はまだちょっと低いが、それでも陽射しがやわらかく、暖かい。……それなのに、花粉だ。

多摩サイには桜並木がある。いちばんみごとなのは、府中の森近辺の桜だろう。しかし、これが多摩サイを走る者にとっては、悩みの種となる。

花見客だ。満開が近づくと、ここにどっと花見客が押し寄せてくる。サイクリングロードのまわりで宴会がはじまる。火気厳禁という看板が何本も立っているのだが、その前で平然とバーベキューをやる。酔っぱらって、サイクリングロードを走りまわる。横一列に並んで、道路をふさぐ。平日の昼間でも、この時季はだめだ。花が散るまで、宴会はつづく。

と、いろいろ書いてしまったが、花粉の嵐の中でも、花見客がひしめいていても、わたしは多摩サイを走る。ヘルメットにサングラスと使い捨てマスクという姿は異様に怪しい。怪しいが、気にしない。実際、マスクをして走っているローディは意外に多い。走っている間は一種の緊張状態にあるので、思ったほど症状がでないからだ。くしゃみはまれにでるものの、目のかゆみは家に帰り、室内に入るまで気にならない。

鼻水はマスクに吸わせる。それで、なんとか二月、三月、四月をしのぐ。

花見客は、徐行と声かけでかわす。法律的にはこちらに分があるのだが、相手は躁状態の酔っぱらいだ。理屈は通じない。やむなく、低姿勢を貫き、通してもらう。桜に関しては、我慢の時間は短い。花粉と異なり、わずか数日だ。数日耐えれば、花は散る。そしてまた、もとの静寂が戻ってくる。

花粉で明け、花見の雑踏に耐えて、また花粉で終わる春の多摩サイ。これが過ぎると、今度は梅雨の季節である。楽しくも厳しいローディの日々は、こうやってうつろっていく。

クロスバイクは万能車

もちろん、軽くて速いという理由で、じてつうにロードを用いている人もそれなりに存在する。それらの人の多くは、デイパックを背負って走っているようだ。メッセンジャーさながらに、肩掛けバッグをひっかけて走っているライダーもまれに見かける。

わたしにはできない。

便利だし、車種を制限されないし、見た目もわりとスマートなのだが、肉体的に不可能だ。マネをすると、覿面に肩が凝る。首が悲鳴をあげ、腰痛が再発する。椎間板ヘルニア持ちには、無理。からだが壊れてしまう。

だから、荷台付きのスポルティーフをつくった。ドロップハンドルはちょっとという人は、やはり、クロスバイクがいい。クロスバイクにもつけられる荷台がある。ハンドルにかごを装着することも可能だ。クロスバイクのフラットバーハンドルは、ロード、スポルティーフのドロップハンドルよりも融通が利く。ただし、ハンドルのかごに重い荷物を載せると、操作性が悪くなる。自転車のバランスも崩れ、スタンドがあっても倒れやすくなる。このあたりは、毎日運ぶ荷物がどれくらいの重さになるのかを考えて決めるといいだろう。

いうまでもないが、バッグを背負い慣れている人なら、デイパックという選択肢もありである。むしろ、お勧めしたい。その場合、自転車用としてつくられたものがベストだ。自転車は乗員がイコールエンジンになるので、季節や体質によっては、全身が汗まみれになる。そこにデイパックを背負うと、それはもうたいへんだ。背中一面がべとべとになり、へたをするとあせもができてしまうこともある。自転車用のデイパックは、背中との間に隙間ができるようにつくられており、走ると、その隙間を風が流れていく。そういう工夫がなされている。ネット通販で購入可能だ。

クロスバイクは、とにかく乗りやすい。ママチャリしか乗ったことがない人でも、クロスバイクなら、すぐにスポーツ走行ができるようになる。ギヤチェンジも、グリップシフトと呼ばれるぐるぐるまわすタイプが多く、とまどうことがほとんどない（基本的には、三段変速のママチャリと同じ）。それでいて、きちんとスポーツ走行ができる。その実用性の高さには、驚くばかりだ。

クロスバイクにするのなら、タイヤのサイズは巾二十八ミリくらいがいいだろう。700×28Cなどと表記されている。わたしが自転車に復帰するとき最初に買った自転車も、クロスバイクである。その際、パンフレットによる車種検討でもっとも注視したのが、車体重量であった。強度さえ確保されているのなら、スポーツ自転車は軽いほどいい。理想はスタンドや荷台などの装備抜きで八キロくらいだろうか。正直、これはやや高望みである。自転車の価格は、重量で大きく変動するといわれ、ロードのトップモデルになると、一グラムの軽量化に数千円というお金がかかってしまう。

日常の足用にその出費はとても無理なので、わたしは、カタログ値で十キロ前後をめどにして自転車を選んだ。クロスバイク、スポルティーフ、折り畳み自転車、すべて、その車重を基準にしてチョイスされている。そして、いろいろ装備を増やした結果、十二キロ程度になった。正直、ロードから乗り換えると重い。しかし、そのぶん、頑丈である。気を遣うことなく、走りまわることができる。

先日、スポルティーフで車道を走っていたら、道路の端に陥没穴があいていた。うっかり見落として、前輪がその穴に落ち、すごい衝撃がハンドルを直撃した。ロードなら、これでおしまいである。最低でもパンク。ケースによっては、リムの変形、フレームにクラックが入るなどという状況に陥ってもおかしくないショックであった。が、スポルティーフには、まったく異常がなかった。パンクすらしなかった（ホイールにもよるが、これはクロスバイクであっても、結果は同じだったと思う）。

スポルティーフは市販完成車として売っていることがほとんどないので、価格的に少し高くなる。その点、クロスバイクは購入も簡単だし、値段もリーズナブルである。最近増えている自転車用の大光量ライトをつけ、通勤・通学に毎日がんがん乗り倒す。ぜひ、トライしていただきたい。

途中までじてつう

自転車通勤を勧めると、かなりの確率で「それはちょっと」といわれることがある。通勤先がすごく遠い人と、すごく近い人だ。

遠いという人に自宅から勤め先までの距離を訊くと、三十キロとか四十キロといった言葉が返ってくる。たしかに遠い。道路状況にもよるが、わたしが試した感じとしては、出社して気持ちよく仕事ができるじてつう距離というのは、おおむね十キロから十五キロの範囲である。慣れた人なら、二十キロでも大丈夫だ。しかし、三十キロ、四十キロとなると、これは相当につらい。いかに健康にいいスポーツ自転車といえども、仕事前にこれだけ走ってしまったら、それなりのダメージが肉体に生じる。さらに帰宅のことを考えると、ますますしんどくなる。日が暮れてからの長距離走行での疲労度は、日中のそれの比ではない。ましてや、一日みっちり働いてからの走行である。からだに朝の爽快感はない。

そういう人には「途中までじてつう」をわたしは勧めている。距離十キロから十五キロの範囲にある駐輪場に自転車を停め、そこからは電車、バス等の公共交通機関で通勤・通学をおこなう。これが、途中までじてつうだ。確保できるのなら、駐輪場は管理人が常駐する月極のものがいい。安心感が違う。わたしの知人にも、それをやっている人がいる。残業等で遅くなったとき、とくに便利だという。遠距離通勤は終電が早い。近い駅までならまだ電車が走っているのに、自宅の最寄り駅までの電車は二十二時ごろになくなってしまうということが少なからずある。だから、いつも終電の時刻を気にして仕事や仲間同士の付き合いをしなくてはならない。これは、けっこうなストレスだ。その悩みを、途中までじてつうはあっさりと解消してくれる。

途中までじてつうをはじめる場合、まず最初に決めるのは、どの駅まで自転車で走るか、である。自転車通勤未経験の人なら、片道十キロくらいが妥当だろう。ママチャリ並みの時速十五キロで走っても、四十分しかかからない。スポーツ自転車のペースだと、コースに踏切さえなければ、三十分で到着する。首都圏の踏切は鬼門だ。とくに朝のラッシュアワーは最悪だ。へたをすると、二十分とか、三十分を簡単にロスしてしまう。可能ならば、コースを決めるときに踏切を避けておきたい。それが最善策だ。

駅を決める条件は、距離だけではない。駐輪できる場所があるか否かも重要だ。最低でも十時間くらいは毎日、自転車を停めておく場所である。ある程度、きちんとした駐輪場がほしい。路上駐輪は絶対にやめよう。法律違反だし、盗まれる可能性も高くなる。ママチャリと異なり、スポーツ自転車は価格が高い。しかも、分解しやすい。放置しておいたら、パーツレベルで盗難に遭ってしまう。すぐに外せて、整備が簡単というのは諸刃の剣だ。悪意を持った人にとっても、条件が同じになる。サドル、ハンドル、ペダルなどがよく盗まれる。コンポ一式を平然と奪っていく、とんでもない泥棒も存在する。また、盗まれなくても、倒されたり、ぶつけられたりで自転車を傷だらけにされることもある。その手の懸念から少しでも解放される駐輪場のある駅。それが理想の駅だ。

駅が決まれば、あとはじてつうをはじめるだけである。しかし、問題はまだまだある。

インターネットの自転車通勤掲示板などでよく話題になるのが、企業による自転車通勤禁止令だ。理由は危険だから。おかしな話である。屋外を移動している限り、徒歩だろうと、自動車だろうと、ある一定の割合で必ずリスクが生じる。通学途中の子供の列に車が突っこんだという悲惨な事故、けっしてまれなことではない。一時停止、信号順守、手信号といったルールを守り、道を選べば、自転車通勤は、さほど危険なものではない。毎日六十キロを走っているわたしの場合、事故やパンクに遭遇したことは、三年間で一度もない（単独落車は三回ほど経験した。すべて自分のミスである）。勤めている会社の方針に逆らうのは、むずかしいことかもしれないが、粘り強く説得し、自転車通勤を認めさせていく。対策はこれしかないだろう。

なお、通勤先が近い人の対処法だが、これはすごく簡単。まわり道をすればいいのである。実際、十キロ以上まわり道してじてつうしている人も存在する。そして、寝坊したときは会社に直行する。とても便利だ。

プラス一日の効果

自転車通勤と、わたしが日課にしているロードでの走行との大きな違いは、速度である。荷物も持たず、どこかに立ち寄ることもなく、事前に設定したコースをひたすら走り、家をでて家に戻るロード走行は、一種のトレーニングである。それ以外の目的を持たない。

それに対して、自転車通勤ははっきりとした実用としての意味を有している。意識して速く走る必要は、どこにもない（速く走ろうとしているツーキニストもたくさんいるが）。重要なのは、ある時間内に会社に着き、きちんと仕事をして自宅に帰るということだ。安全かつ確実に、自宅と会社を往復する。いくら健康になり、自転車走行が速くなっても、それができなかったら、おしまいである。意図的にレースの練習代わりにじてつうしている人以外は、通勤時間短縮を第一目標にしてはいけない。余裕を持って走る。これを常に心がけよう。

ポタリングという言葉を先に紹介した。

自転車通勤は、トレーニング走行とポタリングの真ん中に位置している走り方だ。目的地まで一気に走るというところは、トレーニング走行に近いが、記録を意識することなく、ちょっとのんびりしたペースで安定的に走るという点はポタリングと同じである。ただし、ポタリングのようにあちこち寄り道することはできない。それをやっていたら、遅刻する。

仕事の関係で、毎日のトレーニング走行は無理。自転車通勤も禁止されていてできないといった人がスポーツ自転車を楽しむとなると、これはもう週末走行しかない。休日に、レクリエーションを兼ねて自転車でいろいろなところに行く。こういう形でスポーツ自転車走行を満喫しているライダーは相当数にのぼる。

ただし、ひじょうに残念なことだが、この乗り方では、体力増強や大幅減量といった効果はあまり期待できない。運動には原理・原則が存在する。個人差もあると思うが、一過性の運動で得られた筋力や持久力は、五日後くらいに消えてしまう。最低でも、運動は中二日あき、できれば一日置きにおこなわなくてはいけない。週末ライダーだと、土日に必死で走ったとしても、月～金曜日までの五日間の空白で、その効果がほぼ完全に消滅する。わたしの友人のひとりがそうだ。減量めざして土日に距離百キロ超のサイクリングを毎週おこなっているが、なかなか体重が減らない。わたしの週単位の走行距離は、ママチャリでのちょい乗りを合わせても二百五十キロ前後だ。一方、その友人は、週によっては土日だけで三百キロ近く走ることもある。だが、減量効果の差はひじょうに大きい。わたしが百としたら、友人は十に届かないのではないだろうか。それくらい違っている。

そこで対策だ。トレーニング走行日の追加である。土日ポタリングライダーは、水曜日にもう一日だけトレーニングとして走る日を追加する。これがいい。そうすれば、効果の持続する走行ローテーションが完成する。

ポタリングといっても、速度はけっして遅くない。スポーツ自転車だから、のんびり走行でも簡単に時速二十キロをオーバーする。これまであまり運動をしていなかった人だと、この程度のスピードで十分。びっくりするような効果を得ることができる。疲労の少ない有酸素運動で、心拍数が適度にあがる。脂肪が燃焼され、心肺機能もぐぐっと向上する。公園めぐり、史跡見学、バードウォッチング、温泉三昧、おいしいもの探しなど、適当なテーマを決めて走りまわれば、二〜三時間なんて、すぐに過ぎてしまう。全力疾走するわけではないから、月曜日に疲れを残すこともほとんどない。MTBライダーなら、オフロードを縦横無尽に駆ける里山ツーリングというのもありだ。

問題は水曜日である。これはどうしても、意図的なトレーニング走行にせざるをえない。走行可能な時間帯はふたつ。早朝と夜である。走行時間は一時間くらいでいいだろう。三十分走り、Uターンして戻る。朝夜、どちらにするかは、その人のライフスタイルで決まる。帰宅後の夜走行なら、ライト必須である。出社前の早朝走行も、冬場ならライトを点けることになる。条件としてはあまりよくないが、どちらにしても、週に一度のことだ。明るい道路を選び、思いきり目立つ恰好をして慎重に走ろう。手信号も、忘れずに。

坂馬鹿もまた楽し

坂と向かい風は大嫌いだ！

前にも書いたが、これが自転車に戻ったわたしの口癖だった。坂も向かい風も、本当につらい。まわしてもまわしても進まないし、呼吸も荒くなる。終わったあとの疲労感は通常の数倍にも及ぶ。

ところが、乗りはじめて二年ほど経ったころ、わたしはとつぜん坂を登ることがあまりいやでなくなっている自分に気がついた。

変化の原因は、体重だった。大幅な減量に成功し、体重が六十キロ台に落ちた。からだが軽い。それなりに筋肉もついた。自転車は自分の力で自分を運ぶ。自分が軽くなれば、運ぶ重量も軽くなる。軽いと、多少の負荷もさほど気にならなくなる。

坂馬鹿と呼ばれる人たちがいる。好んで急坂を探し、ひたすらそれを登ってまわる人たちだ。そういう人たちは、ヒルクライムというレースにも出場する。十キロから二十キロもつづく長い坂を、ただもうえんえんと自転車で登るだけの競技だ。坂の勾配は、五～十パーセントというのが多く、ときには二十パーセント以上もあったりする。

　自転車のロードレースでは峠越え、つまりヒルクライムが常に注目を浴びている。強いヒルクライマーはヒーローの中のヒーローだ。観客も必ず峠に集まってくる。そして、坂馬鹿たちを声の限りに応援する。

　正直、坂登りはつらい。激坂に挑戦すると、足がつりそうになり、心拍数も限界ぎりぎりまで高まる。限界を越えたため、途中で休んだこともある。それだけに、登りきったときの爽快感は格別である。これについては、漫画にも描かれている。「シャカリキ！」という作品だ。この気分は、登山のそれと同じである。登山家が「そこに山があるから」登るように、坂馬鹿は「そこに坂があるから」登る。いや、なくても登る。自動車に自転車を積み、日本全国の坂を登りまくる。その気持ち、わたしにもようやくわかってきた。坂は、楽しいのだ。

　ところで、向かい風はいまに至っても大嫌いである。これは、どうしても好きになれない。

第四章　ただ走ればいいというものでもない

ぴったりパンツは恥ずかしい

クロスバイクを買って自転車生活に復帰したわたしが最初に悩んだのは服装だった。何を着て、スポーツ自転車に乗ればいいのだろう。

五月に買ったので、とりあえずは普段着で走ってみた。ジーパンにTシャツ、そして上着とスニーカーである。ジーパンの裾には、ベルトを巻いた。スポーツ自転車はママチャリと異なり、チェーンカバーがない。ギヤ板やチェーンが剥きだしになっている。これが、ズボンの裾を巻きこんでしまう。グリスで黒く汚れるうえに、ギヤに切り裂かれて裾がぼろぼろになる。それを防ぐために、専用の裾ベルトが市販されている。

巻きこまれやすいのはスニーカーの靴ひももそうだ。わたしはすぐにベルクロで留めるタイプのスニーカーに買い換えた。いまはファスナーで締めるタイプのスニーカーを愛用している。

スポーツ走行をしはじめてすぐにわかったのは、普段着で走るのはやめたほうがいいということだった。

いちばんの問題は、汗である。自転車のエンジンは、生身の人間だ。ペダルを漕ぐ人は操縦者であり、エンジンでもある。エンジンは発熱する。必死で漕げば漕ぐほど、全身が熱くなる。熱くなって汗をかく。

わたしは、やや特異体質で運動時の発汗量が極めて少ない。それでも夏場などは背中が汗でぐっしょりと濡れる。汗っかきの友人などは、全身びしょ濡れだ。したたる汗で、自転車に錆が浮かぶほどである。

とりあえず、尻パッド付きのショートパンツや、速乾性の下着、通気性の高いウェア等を購入した。クロスバイクや折り畳み自転車、あるいはスポルティーフに乗るときは、この服装がぴったりだった。当然、地味なカラーのヘルメットも買った。ヘルメットはスポーツ自転車の必需品である。レーシングデザインや派手な色を敬遠し、かぶらない人がいるらしいが、それはやめたほうがいい。レースでなくても、自転車ではしばしば落車事故が起きる。死にたくなければ、頭部保護は必須だ。頚椎の椎間板ヘルニアでヘルメットをかぶることができなくなり、オートバイをやめたわたしだが、自転車のヘルメットは大丈夫だ。重量が二百～三百グラムくらいで、ひじょうに軽いため、首に負担がかからない。それでいて、きちんと頭を衝撃から守ってくれる。

尻パッド付きのショートパンツは、薄いサドル対策だ。ママチャリなんかのそれと異なり、スポーツ自転車のサドルは薄くて固い。クッション性が高いと、ペダルを漕ぐ力が逃げる。それではせっかくのパワーが空転してしまう。そこで、サドルが薄く、固くなる。が、それだと今度はお尻が痛い。その痛みを軽減させるために、尻パッド付きのズボンや下着をはくのだ。

状況が一変したのは、５５００で多摩サイを走るようになってからだ。

スポルティーフの服装では、ロードバイクの力を十分に引きだすことができない。そのことに気がついた。

自転車には自転車用のウェアがある。その中でも、ロードバイクは特別だ。専用のウェアがつくられ、用いられているのには、それなりの理由がある。伊達や粋狂で、あんな非日常的なウェアを着ているわけではない。

いまだから、告白しよう。神金自転車商会で、はじめてわたしよりも年長の人がレーシングウェアを着ているのを見たときは、ちょっと腰が引けた。

全身のラインがくっきりとでる、ぴちぴちのウェアだ。尻パッド付きのレーシングパンツ（レーパン）は素肌に直接着る。下着をつけない。膝上丈で、生地も薄手だ。ジャージもぺらぺらの素材である。背中にポケットがあり、ウェアが皮膚に密着している。とても、着られない。あれを着て走るのは無理だ。

真剣に、そう思った。

専用ウェアには意味がある

最初にロード用に買ったウェアは、レーパンではなく、タイツであった。冬だったので、十一月に長ズボンを購入した。タイツという名称だが、機能的にはレーパンのロングバージョンである。尻パッド付きで、足首までを覆う。

このタイツに下着をつけて、わたしは多摩サイをロードで走った。本当は、タイツであっても下着をつけてはいけない。尻パッドが下着の抵抗でずれて、クッション効果を減衰させるからだ。上着は長袖のゆったりしたジャージ。寒さに弱いわたしは、下着を何枚も重ねて着た。とりあえず、冬の間はこれでしのごう。あとは暖かくなってからの話だ。

四か月、その服装で走った。

三月になり、夏用ウェアがショップに出まわりはじめた。そこで、わたしは決断した。ローディがレーシングウェアを着るのはレーサーを気取るためではない。それがもっとも機能的にロードバイクと合っているから着るのだ。それがわかった。

通販で、レーパンと半袖ジャージを買った。それはもうばりばりのロードレーサーのウェアである。年齢のことは、忘れた。トップ選手がロードレースで使っている自転車を入手しておきながら、あれこれためらっているのは、おかしなことである。こういう自転車に乗るとなれば、それにふさわしいウェアを着用するのは当然のことだ。それがいやなら、こういう自転車を買うべきではない。

いったん意を決し、レーシングウェアを身につけてしまうと、馴染むのは早かった。下着をつけず、レーパンをじかにはくことにも、あっという間に慣れた。着てみれば、なるほどである。世界中のローディがこのウェアで走っている理由がよくわかる。とにかく走りやすいのだ。ジャージのポケットが背中にあるのもひじょうに合理的であった。ウェアに迷っていたころ、安いという理由で某アパレルの似たようなウェアを買ったことがある。ポケットがふつうに両サイドについている上着だ。このポケットに財布や携帯電話を入れて走っていた。見通しのいい道路で加速するためにダンシングをしたとき、それは起きた。

ポケットから中身が飛びだしたのである。財布もティッシュも携帯も、みんなぽろぽろとこぼれ落ちた。

対処するひまなどない。

落としたものがつぎつぎと後続車に轢かれた。

あわてて停止し、車の流れが絶えるのを待った。それからUターンし、路上に散らばっている落とし物を拾ってまわった。

財布は無事だった。だが、携帯はつぶれてぺちゃんこになっていた。ティッシュもそこらじゅうに散乱していた。

これはいい教訓になった。サイドポケットは自転車に向かない。このことがはっきりとわかった。いまは自転車に乗ることを配慮し、サイドポケットのウェアは、ファスナーやベルクロで閉じることができるものを着るようにしている。閉じられないものは、あとからベルクロをつけた。

これからスポーツ自転車をはじめようと考えている人、たしかにウェアはネックのひとつになる。とくに高齢者に、あのデザインはつらい。だが、きっぱりいおう。誰が何を着ていても、気にする者はいない。経験してみて、それがはっきりとわかった。とくにロードに乗っているときは違和感がない。ロードバイクそのものが、非日常的な雰囲気を有しているため、逆に専用ウェアがしっくりと調和してしまうからだ。多摩川の脇にある京王閣という競輪場の近くを走っているということで、たまに競輪選手と間違われることもあるが、とまどうようなことは、それだけだ。野球には野球の、テニスにはテニスの、スキーにはスキーの専用ウェアがある。自転車も例外ではない。その能力を最大限に生かすウェアを着る。そのことにためらう必要は皆無といっていいだろう。

重要なのは、汗対策

とはいえ、ロード以外の自転車に乗るときは、当然、競技用のウェアなどを着たりはしない。ポケットにベルクロをつけたように、ふつうのウェアを自転車向きにアレンジして着用している。

まずはズボンだ。スポーツ自転車に乗るとき、工夫しなくてはいけないポイントはふたつである。裾とお尻だ。

裾はチェーンリングへの巻きこみ対策が要る。専用ベルトを巻いていることは、先に書いた。でも、これはいまひとつかっこ悪い。そもそも長ズボンというのが、あまり自転車に向いていない。足の動きをけっこう妨げられるからだ。だから、ジーパンは伸縮性のあるストレッチジーンズをはいている。もしくはトレーニング用につくられたジャージをはく。これは裾を絞っているタイプのものがあるので、いろいろな意味で便利だ。わたしは裾を絞っていないタイプのものを買い、裾にあとでゴムひもを通した。自転車に乗るときは、このゴムひもを使って裾を絞る。友人がそういうタイプのジャージをはいているのを見て、マネしたのだ。これは、楽でいい。

春から夏、秋にかけては、思いきって長ズボンをやめることにした。ふくらはぎまでのスリークォーターパンツ、膝下丈のハーフパンツ、膝上丈のショートパンツを状況によって使い分けている。これも、五十歳を過ぎて着るのはどうかなと最初は思ったが、着てみたら、どうということもなかった。靴下は、くるぶしまでのスニーカーソックスである。三十代の友人には、冬もスリークォーターパンツをはき、ロングソックスで脛を覆っている者もいる。これもひとつの手だろう。寒がりのわたしにはちょっとつらいが。

問題は尻パッドである。スポーツ自転車の薄くて固いサドルに乗るには、なんらかの対策が要る。もちろん、サドルをクッション性の高いものに替えるという選択肢もある。自転車通勤やポタリングでは、そのほうがいいかもしれない。スポーツ性よりも、実用性や快適さが優先されるから。しかし、ある程度の速度を維持してスポーツ走行をするとなると、サドルもそれに見合ったものがいい。となると、尻パッドが、どうしてもほしくなる。

わたしは、尻パッド付き下着を購入した。トランクスタイプでいろいろな仕様のものが売られている。正直、ちょっと値段が高い。だが、尻の痛みには代えられない。冬用の通常タイプと、夏用のメッシュ生地タイプの二種類をそろえた。パッドとしては薄手だが、効果は十分で、重宝している。

上着は、一般的なものを着る。ただし、汗対策だけはしっかりしておかないといけない。自転車から降りたとき、長い下りを走るとき、下着が汗で濡れていると、想像以上にからだが冷える。速乾性で、汗を外に逃がす素材の下着を必ず着るようにしたい。以前、その手の素材の下着は高価なものしかなかったが、最近はリーズナブルな価格のものが増えた。

夏はメッシュ素材のものを着る。冬は重ね着。厚手のものを一枚ではなく、薄手のものを何枚も着るのがよい。蒸れてきたら、こまめに脱いで調整する。このあたり、万人向けのセオリーというものはない。寒がりで、暑いのは平気というわたしの場合、アドバイスがまったく参考にならないと友人はいう。

ロードのウェアでも、多摩サイで真っ先に秋冬仕様に入るのは、わたしである。最高気温が二十五度を切りはじめると、わたしはアームカバーとレッグウォーマーを身につける。髪の毛を剃っているため、頭にバンダナを巻く。グローブも指切りではなく、フルグローブに変更する。陽射しによっては、やや暑苦しく感じるときもあるが、暑いのは気にならない。気温三十四度でも平然と多摩サイを走りまわっているわたしだ。暑いのは、むしろ大歓迎である。

それに、からだ全体をウェアで覆うと、陽焼けの対策にもなる。陽焼けはけっこう深刻な問題だ。わたしくらいの年齢になると、陽焼けのあとがしみになって残る。だから、陽焼け止めを欠かすことができない。その手間が省けるのは悪くないといえる。

雨が降ったら

雨が降ったら乗らないと決めている。しかし、そんなことをいっていると、梅雨時などは一週間以上自転車に乗れなくなってしまう。体力増強、健康管理を目的として自転車に乗っている者は、こういうとき、ちょっとあせる。せっかく減らした体重、体脂肪がもとに戻ってしまうような気がして、落ち着かなくなる。わたしが、そうだった。

そこで、雨の日は自宅でペダルをまわそうと思い、室内走行装置を導入することにした。サイクルトレーナーである。

サイクルトレーナーは、ローラー台とエアロバイクとに分かれる。わたしは、タイヤドライブの固定ローラー台というのを買った。初心者向きで、いま愛用している自転車をそのまま使えるというのが選んだポイントだった。

悪天候の日は、これをリビングに据えて５５００をセットする。そしてテレビを見ながら、二時間くらいクランクをまわす。正直、退屈だ。それと、暑い。夏はクーラーを全開にし、扇風機でからだに風をあててローラー台に乗る。屋外走行で浴びる風がどれほどからだを冷やしてくれるのかがよくわかる。汗をかかない体質のわたしも、このときばかりは汗びっしょりになる。水分をこまめに補給し、タオルを首に巻いて黙々とペダリングする。レースのビデオをテレビに流しておくと、気分はもうツール・ド・フランスだ。

音ははっきりいってうるさい。振動もかなりある。マンション住まいの人に、サイクルトレーナーを勧めることはできない。マンションやアパートに住んでいる人に勧めたいのは、エアロバイクのほうだ。ただし、ひとつだけ忠告しておく。外を走ることに比べたら、室内走行は本当につまらない。これはとりあえず断言しておこう。

雨が降ったら雨具である。乗らないと決めていても、走っているうちに降りはじめたら、もうどうしようもないのだ。ましてや通勤、通学の足として自転車に乗っている人の場合、行きは晴天でも、帰りがどしゃ降りということも十分にありえる。また、長距離ツーリングや外泊ツーリングでも、雨から逃れることはできない。

したがって、雨となれば、雨具ということになる。人気のある雨具は、自転車用のゴアテックスレインウェアだ。自転車乗りは膨大なエネルギーを消費し、それに伴って熱と汗とを全身から放出する。ビニールのレインコートを着たら、たいへんなことになる。蒸れて、内部がびしょ濡れだ。雨具の意味が完全に失われる。ゴアテックスのレインウェアにはそれを防ぐ機能がある。価格は高いが、それに見合った商品といっていいだろう。自転車用を謳っているものがあるので、買うのならば、それがよい。

通勤、通学をしているわけではないわたしは、本格的な雨具を持っていない。基本方針は「濡れて走ろう」である。ただし、体温の低下を防ぐ必要があるので、長距離のときにはウインドブレーカーを携行する。腰から下は放置状態。ペダリングのため下半身を絶えず動かしているから、体温については大丈夫だろうという考え方だ。そして、必ずつば付きキャップをかぶる。つば付きキャップは、とくに眼鏡着用者に対して効果がある。かぶっていれば、眼鏡にほとんど水滴がつかない。プロのロード選手もこれはやっていて、雨が降りだすと、すぐにヘルメットの下にキャップをかぶる。一時間以内なら、これでおおむねしのぐことができるのは、経験的に実証済みだ。ただし、それ以上走る人、激しい雨の中で走らなくてはいけなくなる人は、やはり本格的な雨具を着用したほうがいい。もちろん、スリップ事故や視界不良による衝突事故の可能性が高くなるので、乗らなくてもすませられる場合は、乗らないようにする。これが原則であることは間違いない。

ヘルメット

ヘルメットにはいろいろと悩まされた。少し前まで、自転車用のヘルメットはレーシングタイプしか存在していなかった。クロスバイクを買ったときに、ヘルメットも購入したのだが、どう考えてもデザインが服装と自転車にそぐわないので、選ぶのに苦労した。結局、いまは製造中止になってしまった国産のモデルを買った。色はグレイ。相当に地味である。

ロード用のヘルメットは、悩む必要がなかった。デザインはレーシングタイプで問題なく合った。問題があったのは、頭の形状である。ヘルメットは、必ず試着して買わなくてはいけない。合わないヘルメットは徹底的に合わない。とくに外国製は微妙だ。人気のある某海外メーカーのヘルメットを試着したら、覿面に孫悟空状態に陥った。頭部側面をぎりぎりと締めつけられ、かぶってすぐに悲鳴をあげた。

いくつか試着して、ようやくすんなりとかぶれるヘルメットを見つけた。外国製だったが、この帽体はわたしの頭にぴったりとはまった。以来、ずうっとそのヘルメットを愛用している。地方在住で近所にショップがなく、通販に頼るしかない人が試着をするのは、はっきりいってむずかしい。しかし、試着は省けない。サイズが合わないときは交換・返品に応じてくれる通販もあるので、そういうところで購入するのがいいだろう。

冬はどうする？

冬は寒い。わたしは、寒いのが大の苦手だ。苦手だが、東京は冬でも自転車で走ることができる。北海道や東北、北陸の自転車乗りだと、そうはいかない。雪が積もると、自転車で走るのはほとんど無理ということになる。スパイクタイヤなどを使ってママチャリやMTBで走りまくるライダーもいるにはいるが、それは例外といっていい。ほとんどのライダーは自転車冬眠に入る。もしくはサイクルトレーナーで室内走行に専念する。

そういう北国の状況に比べたら、東京の自転車乗りは天国に住んでいるようなものだ。走れるのだから工夫して走らなくてはいけない。

まずは、ウェアだ。これは下着の重ね着で対処する。薄手の発熱素材を使った保温下着がいい。これを何枚も重ねて着る。そして、その上に長袖のジャージを着る。レーパンの下ではなく、上にタイツを重ねて履く。脚は、運動する部位なので、多少薄着でも大丈夫。走りだせば、すぐに温かくなる。

問題は、頭と耳と手、それに足の爪先だ。ここはいくら走っても温かくならない。それどころかきんきんと冷える。わたしの場合、スキンヘッドなので頭は一般の人よりもよく冷える。ヘルメットが穴だらけだから、風がどんどん入ってくる。

頭にはバンダナを巻く。自転車用のバンダナというのが市販されている。これを巻き、その上にヘルメットをかぶる。髪の毛が豊富な人は、無用かもしれない。

耳はイヤーウォーマーを使う。スキー用のは流用できない。頭の上にブリッジ部分がくるモデルや生地の厚い毛糸のイヤーバンドだと、ヘルメットをかぶることができなくなるからだ。したがって、これも自転車専用のものを使うことになる。首のうしろにブリッジ部分がくるモデルが最近は評判がいい。ただし、少し重量があるので、わたしのように頸椎に故障があると、ちょっとだけ影響がでてくる。だから、わたしは市販されている薄手のイヤーバンドを愛用している。薄い生地だが、厳冬期でも十分な保温性能があり、ヘルメットをかぶるのにも支障がない。

手は、もちろんグローブである。グローブはスポーツ自転車の必需品だ。冬だけでなく、春でも夏でもはめている。

夏は指切りグローブだ。していないと、落車したとき、てのひらをすりむくことがある。秋や春先は、指も完全に覆ってしまうフルグローブを使う。パッドが厚めのものと薄めのものがある。薄めのものは甲の部分がメッシュになっていて、通気性が高い。その日の気温や走行距離に合わせて使い分けている。

そして、冬だ。防寒グローブを使う。わたしは、二種類用意している。初冬用と、厳冬期用だ。初冬用は中綿が薄い。だいたい十二月いっぱいあたりまではこれでなんとかなる。しかし、一月二月の寒さに対抗するとなると、中綿の厚い厳冬期用でないとむずかしい。もこもこしていて変速操作などがしづらくなるのだが、指先の凍えには勝てない。

足の爪先の冷えは、シューズカバーで防ぐ。だが、厳冬期はこれでもつらい。そこで、使い捨てカイロを併用する。本来は足の下に敷くカイロだが、わたしはこれを足の甲の上に入れる（爪先用というのもある）。ペダルを踏む力がカイロにかからないようにするためだ。これは、とても温かい。ただし、コストがかかる。使い捨てなので、毎日使うとなると、金額が馬鹿にならない。通勤で利用するとなると、さらにかさむ。往路と復路であいだに時間があくから一日で二組必要になってしまうのだ。自転車ツーキニストにはフルカバータイプのシューズカバーと、靴下の二枚履きを勧めたい。

多摩川の四季・冬

もっとも苦手な季節である。とにかく、子供のころから寒さに弱い。冷気が身に沁みる。体脂肪率が十パーセントを切ってからは、冷えが骨を直撃するようになった気がする。

それでも毎日、多摩川を走る。走行時間帯は、いろいろ試した結果、十一時から十四時半の間に定まってきた。幅があるのは、その日の都合に影響されるからだ。多いのは正午出発かな。六時に起きて、すぐに朝食を食べる。朝食はしっかりと食べる。夕食よりも重要視している。食後は書斎に入り、原稿を書く。ホームページの更新などもおこなう。

十一時前くらいに、軽い昼食を食べる。本当は昼食もしっかり食べたいが、一時間後には走りだすことになるので、セーブしている。エネルギーは走行中に携帯食で補ったりもする。二時間二十五分はけっこう長いのだ。

頭から爪先まで、耐寒完全武装で走りだす。だが、しばらくは風の冷たさに悲鳴をあげる。とくに日蔭がつらい。北風が吹き荒れている日も多く、そういうときは呪いの言葉も口にする。

冬の多摩川は、富士山がきれいだ。夏も見えるが、雪がない。それと、どんなに晴れていても、水平線には薄く霞がかかっている。冬の富士山は輪郭が立っていて、いかにも霊峰という感じだ。

多摩サイの所定のコースを二往復する。北西風が吹くと、往路が向かい風になる。横風になるときも少なくない。自転車は風と戦うスポーツだというが、本当にそのとおりだなあと実感する。さすがにローディの姿も少ない。走っている人は走っているが、他の季節の数分の一である。ママチャリや散歩の人の姿もあまり見えない。曇りの日だと、さらに少なくなる。多摩サイ、ほとんど貸切り状態である。こういう気候で走るほうが物好きというべきか。冬は、速度も落ちる。風の条件が同じでも、夏より平均速度で二キロ以上遅くなる。理由は、よくわからない。寒さで全身がこわばっているせいだろうか。

冬は、雪も降る。雪が降ったら、走行は休止である。しかし、問題はそのあとだ。積もった雪が翌日以降、融けて凍る。これがあぶない。わたしの走るコースには三か所ほど危険地帯がある。実は、そこで一度、落車したことがある。こういう場所は、押して歩かなくてはいけない。でも、クリート（シューズをペダルに固定する金具）のついたサイクリングシューズで凍結路面を歩くのは、ひじょうにむずかしい。雪は雨よりも、風よりも大敵。冬最大の悩みごとである。

ところで、多摩サイをロードバイクで走るようになってから風邪をひく確率が低くなった。以前は、一冬に二度も三度も風邪をひいていたのだが、最近はほとんどそういうことがなくなった。これは予想外の効果である。不健康は、あらゆる病気を招く。冬も果敢に走って元気を持続。帰宅するころには、からだもぽかぽかである。

整備は空気入れから

整備に凝るというのも、自転車生活の楽しみのひとつである。……といったら、驚かれる人がいるかもしれない。たしかに整備は面倒だ。わたしもあまり好きではない。グリスで手が汚れるし、腰も痛くなる。しかし、これは自転車乗りとしてやっておかなくてはいけないことである。やらなくてはならないのなら、楽しくやったほうがいい。そのためには、整備も自転車生活の中に組みこんでしまう。これがいちばんだ。

整備の第一歩は、空気入れである。自転車のチューブについているバルブには、種類がある。それぞれ、英式、仏式、米式と呼ばれている。英式は、ママチャリのバルブだ。簡単に空気が入るが、そのぶん抜けやすく、高圧にすることができない。仏式は、スポーツ自転車でもっとも多く使われているバルブだ。米式はＭＴＢによく用いられている。自動車のタイヤのバルブも米式だ。

わたしの自転車でいうと、ロード、スポルティーフ、クロスバイクが仏式だ。折り畳み自転車とママチャリが英式になる。米式は持っていない。

一般的なエアポンプは、英式のみに対応している。ママチャリのシェアを考えれば、当然のことだろう。しかし、最近はアダプターを付属させて、三種類すべてのバルブに対応させているエアポンプが増えてきた。ただし、この手のポンプはいまひとつ使い勝手がよくない。

スポーツ自転車のタイヤは空気をたっぷりと入れる。ママチャリのタイヤ空気圧が三〜四気圧であるのに対して、スポーツ自転車のそれは六〜十気圧になる。仏式のチューブに七気圧を入れるのは、楽ではない。ポンプヘッドの脱着に失敗して、チューブを破ってしまったという話もよく耳にする。わたしの場合、英式用と仏式用のポンプは別物にしている。アダプターは使わない。高圧の仏式チューブには、やはりそれ専用のポンプとヘッドを使ったほうが安全かつ確実なのだ。正直いって、価格は高い。ポンプとヘッドで七千円以上になる。だが、失敗したときの損失や、手間の軽減などを考えると、この投資は絶対に無駄にはならない。仏式専用ポンプの導入を強くお勧めする。

ロードバイクの空気入れは、三日に一度のペースでおこなっている。これは高圧を維持するためだ。低圧の折り畳み自転車やママチャリだと二〜三週間に一度くらいのペースになる。適正空気圧はタイヤに書いてあるので、それに従う。表記されている数値の真ん中、やや少なめに入れるのがいい。上限値はレース専用である。一般ライダーには無縁だ。タイヤの適正空気圧表記が六〜八気圧となっているわたしのロードは七気圧にした。きちんと空気圧を保っていると、パンクしにくくなる。事実、わたしは三年間、週四日の走行でパンクに見舞われたことは一回もない。

整備の二歩目は、洗車とオイル、グリス挿しである。

洗車は、簡単なようでけっこうむずかしい。プロは洗剤と水でじゃぶじゃぶ洗っているが、これにはコツがある。洗ってはいけない場所があるのだ。グリスが封入されているところだ。これについては、ショップで教わってほしい。プロにここどここだよと指差してもらえば、一発でわかる。わたしはあまり水では洗わない。それよりも二週間に一度という頻度でワックス洗剤による洗車をしている。ひどく汚れる前に、こまめに洗車する。これがわたしのやり方だ。ウェスを贅沢に使い、手早く磨きあげる。そして、洗車のあとにオイルとグリスを補給する。もっとも時間を使うのが、チェーンの洗浄だ。専用の道具でぴかぴかにしてグリスを塗る。こういうことに関しては、メンテナンス本やＤＶＤが市販されている。それを活用するといいだろう。整備スタンドはあったほうがいい。

整備の最後は消耗品の交換である。素人にできるのは、タイヤ、チェーン、ブレーキシュー、チェーンリング、スプロケットといった基本パーツの交換だ。専用工具が必要になる。絶対に覚えておきたいのは、タイヤ交換とチェーン交換。本やＤＶＤで覚えてもいいが、手っとり早いのはショップの人に教わることだ。一度だけ工賃を払って目の前でやってもらい、メモをとる。これがいい。わたしは、そうやって覚えた。工賃は授業料である。

なんでも自分で交換する

わたしの友人のひとりは、改造マニアである。走行距離は伸びないが、かわりに所有自転車台数が大幅に伸びて、余剰パーツが自宅にあふれている。

本書の趣旨からいうと、走行距離が伸びないのは感心できないが、自転車の場合、改造マニアになるのは、悪くない。というか、推奨したい。

自転車はユーザーが維持管理できる範囲の広いマシンである。複雑な構造を持ったエンジンが存在しないため、まったくの素人であっても、メンテナンスや新規パーツの取りつけ、交換が容易にできる。

実は、わたしは整備が大嫌いだった。オートバイ時代はすべてショップにまかせていた。ショップのメカニックも、素人が勝手にいじっておかしくなったマシンを直すのがいやだという方針の人だったので、わたしはひたすら乗ることだけに専念していた。プラグひとつ交換したことがない。

しかし、自転車は違った。日常の点検作業は、すべて自分でやっている。もちろん、パーツ交換もする。洗車もグリスアップもきちんとやっている。メカが単純なので、ショップが自分でやることを勧めているからだ。失敗してトラブルを起こしても、ちゃんとフォローしてくれるし、わからない作業は、懇切丁寧に指導してくれる。

以前、タイヤ交換をするためタイヤを注文し、そのまま替えてもらおうと思っていたら、ショップの人にびっくりされたことがある。「え、交換は自分でやらないの?」という。交換を頼めば、作業料金が発生する。払うほうにしてみればけっこういいお値段だが、ショップとしては、手間のわりには安い料金になる。二千円のタイヤの交換に、三千円も四千円も作業代をとるわけにはいかないのだから。そして、タイヤの交換は誰でもできる作業だ（ママチャリの後輪を除く。あれだけは、むずかしい）。それどころか、できるようにしておかないと、出先で困ることになる作業でもある。

スポーツ自転車のパンク修理は、ほとんどの場合、チューブを交換する。穴のあいたチューブのパッチあては路上ではなく、帰宅してから家でじっくりとおこなう。そのほうが早いし、安全だからだ。

チューブ交換をするには、タイヤ交換の技術が要る。これがないと、出先で途方に暮れることになる。

いまのわたしは、いろいろなものを自分で交換している。タイヤはもちろん、チェーン、ハンドル、サドル、ペダル、ブレーキシュー、バーテープ、グリップなども日常的に交換している。洗車やグリスアップも自分でやっている。ショップにまかせるのは、シフターの微調整やベアリングの交換、ワイヤー、ケーブルの交換といったやや難度の高い作業だけだ。

いうまでもないが、こういったハイレベル作業も自分でやってしまうライダーがたくさんいる。専用工具をプロ並みにそろえている人も多いと聞く。わたしがそれらをやらないのは、そこまでマニアックになれないためだけだ。のめりこむ体質なので、やりはじめると本業がおろそかになる。それを防ぐ意味もあって、自分の扱う範囲を自分で定めている。

自転車を買って最初に交換したのは、サドルである。クロスバイクのときだ。自転車を購入し、走りだしたら、すぐにお尻が痛くなった。サドルがまったくお尻に合っていない。三十分で悲鳴をあげる。それくらい痛かった。

サドルが合わないのは、珍しいことではない。スポーツ自転車のサドルは、ママチャリのそれと違って薄くできている。しかも、固い。クランクをまわす力がサドルのクッションで逃げてしまわないようにするためだ。クロスバイクに使われているサドルはロードバイクで用いるサドルよりも厚くてやわらかいが、それでもママチャリに比較すると相当に固い。

あわてて、サドルを替えた。自転車雑誌の記事やカタログ、ネットでの評判などを参考にしてあまり固くないものを選んだ。たしか五千円以上したと思う。高価だが、お尻の痛みには代えられない。

サドルの交換は簡単だった。レンチでレールのネジをゆるめてサドルを外し、新しいサドルをはめこむ。ネジを締めて、おしまい。必要な工具は六角レンチだけだ。六角レンチやスパナはセットで買っておくといいだろう。格安品はボルトの頭を舐めることがあるので、中級品くらいがいい。工具でけちると、あとで後悔することがある。

自転車にもコンピュータ

サドルを交換したとき、ホームセンターで水準器も買った。ガラスの管の中に液体が入っていて、その中を気泡が漂っているだけの簡単な測定装置だ。

サドル取りつけの基本は「水平」である。前下がりでもうしろ下がりでもいけない。まずは水平にセットする。サドルを仮止めし、上に板を置く。木でも、プラスチックでもいい。紙はたわんでしまうのでだめ。置いた板の上に水準器を載せる。気泡が真ん中にきたら水平だ。真ん中にくるようにネジをゆるめてサドルの角度を調整し、ネジを締め直す。

にしても、サドルはむずかしい。これはよさそうと思っても、二時間くらい乗っていると、耐えられなくなるモデルがある。ネットで高い評価を得ているモデルが、自分のお尻には最悪だったということも二度や三度ではない。おかげで、いまは家にサドルがいくつもごろごろと転がっている。これは、友人も同じだ。サドルだけはトライ&エラーの世界である。ロードのサドルだと、一万円以上がふつうだから、これは、痛い。お尻も痛いが、懐も痛い。

ショップによってはサドルの試乗ができるところもある。余ったサドルをネットオークションで売却するという手もある。自分に合わないサドルが、友人のお尻にはぴったりだったという話は少なくない。いろいろ工夫して、自分に最適のサドルを見つけよう。大丈夫。オンリーワンは、必ずどこかにある。

サドル交換のつぎにやったのは、サイクルコンピュータの装着だった。いわゆるスピードメーターである。

そんなもの要るのかと思われるかもしれないが、これは絶対にあったほうがいい。自分がどれくらいの速度で走っているのかを知るのは、ひじょうに重要なことだ。それにより負荷が一目でわかるようになる。体力、脚力の向上も、数値で確認できる。また、速度だけでなく、走行距離、走行時間、積算距離、平均速度なども計測してくれるので、自分がどれだけ、どのように走ったのかも簡単にわかる。これは励みになるし、ある種の楽しみにもつながっていく。自転車はただ走るだけが楽しいわけではないのだ。いじることも、走った結果を見ることも楽しい。むろん、それにより体重や体脂肪率が減少していくのを見るのも、すごく楽しい。見知らぬ土地を訪ね、思わぬ光景にでくわすことも楽しい。楽しいことの一大集合体だ。

サイクルコンピュータの取りつけは、少しコツが要る。

まず、方式がふたつある。無線式と有線式だ。安いのは有線式だが、そのぶん、装着に手間がかかる。またコードを車体に巻きつけるぶん、見た目もちょっとうるさくなる。ただし、精度は有線式のほうが高い。無線式は外部ノイズの影響を受けやすく、ときどき計測不能に陥ることがある。踏切や高圧線の下などがあぶない。他の機器（たとえば心拍計）との混信もしばしば起きる。だから、プロの選手は無線式を避けることが多い。有線式はそういうエラーをださないのだ。アマチュアは、そんなシビアに数字管理をする必要がないから、手間軽減と見た目を優先して、無線式を買う。わたしも無線式だ。たまに数字が飛んだり、とんでもない速度（時速百三十キロとか）を記録することがあるが、それは愛敬の範囲だ。どちらを選ぶかは、用途と個人の嗜好を秤にかけて決めよう。

メーターの装着は、最初のときだけ、ショップにまかせるのがいい。自転車を買う際、一緒に購入すれば、たいてい無料でつけてくれる。有線式は、コードの取りまわしなどがあるので、それを覚える意味でもショップにまかせるのが吉だ。腕のいい人が取りつけると、ほれぼれするほどきれいにコードが巻きつけられる。気分はプロのレーサーだ。これは、悪くない。

サイクルコンピュータには、クランクを一分間に何回まわしたのかを計るケイデンス測定機能がついたものもある。ロードバイクに乗るのなら、この機能はあったほうがいい。シマノのフライトデッキというサイクルコンピュータには、標準でこの機能がついているが、これは手もとスイッチを使うようになっているため、装着がややむずかしい。わたしはショップに装着をまかせた。他のメーカーのものなら、自分で取りつけられる。このあたりは、個人の得手不得手で判断すればいいだろう。プラモづくりができる人なら、まず問題はない。

ボトルケージとライト

ボトルケージは水やスポーツドリンクのボトルを自転車で運ぶときに使うパーツだ。ほとんどのスポーツ自転車には、ボトルケージをつけるためのネジ穴が切られていて簡単に取りつけることができる。一時間以上走りつづけるのなら、ボトルケージは絶対にあったほうがいい。水の補給は重要だ。自転車でスポーツ走行をすると汗をかく。走っていると、風で汗はすぐに乾くが、水分は確実に体内から失われている。それに気づかず走っていると、まず間違いなく脱水症状を起こし、熱中症になったりする。

これは危険だ。生命にもかかわってくる。ボトルケージに水ボトルを挿しこみ、適時、水を飲む。これを忘れてはいけない。

ボトルケージには種類がある。専用ボトル用と、ペットボトル用だ。たいていは、まず最初にペットボトル用を買う。わたしもそうだった。市販の五百ccのペットボトルをそのまま挿しこむことのできるボトルケージである。わざわざ新しくボトルを買う必要がない。走っていて空になったら、ボトルごと買い換えればいい。それで補充完了だ。いつも新品ボトルになるので、ひじょうに清潔である。

しかし、ロードに乗る人は、なぜかみないつの間にかボトルケージを替える。専用ボトルケージに変更してしまう。

専用ボトルは、ワンタッチで水が飲めるようにつくられている。そういうキャップがついている。似たようなものがペットボトルにもあり、別売されているが、いまひとつ使い勝手がよくない。わたしは、そう感じた。それで、専用ボトルへと移行した。ただし、ポタリングに用いることの多い折り畳み自転車につけているボトルケージは、いまでもペットボトル用である。折り畳み自転車にはボトルケージの取りつけ穴がなかったが、補助金具で装着した。そういうものも市販されている。のんびりポタリングには、やはりコンビニや自販機で適当に選んだ市販のドリンクをそのまま持ち運べるペットボトル用がいい。自転車と用途に合わせてチョイスしよう。

前照灯（フロントライト）は法律で装備が義務づけられている。しかし、ママチャリには標準装備されているライトが、スポーツ自転車には付属していない。だから、自分で選んで買わなくてはいけない。

少し前まで、スポーツ自転車のライトといえば、ハロゲン灯だった。ハロゲン灯は明るい。しかし、電池がもたなかった。二時間くらいで切れてしまっていた。二時間で電池切れになるのは、正直いって厳しい。コストもかかるし、常に予備の電池をもっていないといけない。

二、三年前から白色ＬＥＤライトがでてきた。これだと、五十～百時間くらい電池が切れない。ただし、あまり明るくない。というか、かなり暗かった。市街地ならいざ知らず、街灯の少ない夜道では、ちょっと使い物にならなかった。

最近、高輝度のＬＥＤライトがつぎつぎと発売された。電池はもつし、照度もハロゲン灯と遜色がない。点滅モードもあったりして、機能的にも高くなった。いま、わたしが使っている前照灯は、すべて高輝度ＬＥＤライトである。さらに補助ライトもつけている。これは小型のＬＥＤライトで、トンネルなどに入ったときは、これを点灯する。

ライトは前照灯だけではない。リヤにもフラッシャーをつける。法律でフロントは白灯、リヤは赤もしくはオレンジ灯と決まっているので、リヤにつけるのは赤灯である。たまにフロントに赤灯をつけている人がいるが、対向車にリヤと間違われ、突っこまれる事故が起きたりするので、やめてほしい。

第五章　効率よく、安全に走る

やりすぎに注意

医師の診断を受け、スポーツ走行をはじめることにしたのはいいが、最初はどれくらい走ったらいいのかがわからない。運動というのはなんでもそうだが、はじめると、やりすぎてしまう傾向がある。真面目かつ真剣に取り組む人ほど、そうなりやすい。しかし、過ぎたるは及ばざるがごとしで、運動もやりすぎるとからだを壊す。ほどほどをめざさなくてはいけない。

運動性慢性疲労という病気がある。運動のやりすぎで内臓障害を起こしてしまう病気だ。重症化すると、生命に関わることもあるという。ボディビルダーがなりやすい。ボディビルダーはウェイトトレーニングで筋肉をつくる。筋肉ができはじめると、すごくうれしくなる。三島由紀夫が書いていたが、ある程度、筋肉がついてきたビルダーは、真冬でもTシャツ一枚で歩きまわるようになる。貧弱な肉体に強いコンプレックスを抱いていた者ほど、その傾向が強い。太くなった腕や、厚くなってきた胸板をひたすら他人に見せたくなってしまうのだ。

こうなると、一種の恐怖感が生まれてくる。トレーニングを休んだら筋肉が衰えるのではないかとか、もとの貧弱なからだに戻ってしまうのではないかという強迫観念だ。

これに取り憑かれると、トレーニングをやめられなくなる。毎日、何時間もバーベルを持ちあげたり、フィットネスマシンをいじったりするようになる。そして、からだを壊し、入院するという事態に陥る。ウェイトトレーニングの教則本に体験記が載っていたりするのだが、やる人は、これを何回も繰り返す。それくらい、適正運動量の自己管理はむずかしい。目に見えて効果がでてくるので、どうしても、それにとらわれてしまうのだ。

それでは、ほどほどというのは、どれくらいの運動量なのだろう。

実は、それを調べてくれるサービスがある。

たとえば、横浜市スポーツ医科学センターのスポーツプログラムサービス（一日かけてのスポーツ版人間ドック）だ。本格的な肉体チェックなので、料金はちょっと高い。横浜市民は一万五千円。それ以外の人は一万七千円である。

http://www.hamaspo.com/ysmc/

東京体育館では、もう少し簡単なのをやっている。心肺機能を中心に、適正負荷を調べてくれるプログラムで、料金は千六百五十円と安い。

http://www.tef.or.jp/tmg/guide/consul.html

そのほか、スポーツ医療をおこなっている病院でも似たようなサービスを設けているところがある。興味のある人はインターネットで検索し、探してみるといいだろう。

運動を開始してからわかる障害というのもある。

ある日、膝が痛くなった。子供のころから、膝を曲げ伸ばしすると、関節がぽきぽき鳴るという現象が起きていた。鳴ると、すっきりした感じになるので、ときおり意図的に鳴らしていた。ところが、膝にひっかかる感覚があるにもかかわらず、なぜかうまく関節が鳴ってくれないときがあった。そこでやめればいいのに、わたしはむきになって膝の屈伸を繰り返し、むりやり関節を鳴らした。そのあとである、膝が痛くなったのは。

痛みは消えなかった。自転車に乗り、ペダルを漕ぐと、ずきりと痛みが走る。自転車に乗っていなくても、膝に違和感や鈍痛を感じる。

素人判断で、変形性膝関節症ではないかと考えた。加齢による膝障害である。冷えると悪化する。なってしまったら予後は不良で完全治癒は望めない。だましだまし対処していくしかなくなる。自転車も、その症状の改善に有効だ。ただし、高負荷は厳禁である。ロードバイクでがんがん走りこむのは、禁忌となる。

そんなとき、友人から棚膝《たなひざ》という病気のことを教わった。

走行ローテーションを決める

棚膝は先天性の関節異常である。膝関節の中の組織にしわがあると起きる。このしわが膝の曲げ伸ばしの際にこすれ、炎症を起こすのである。症状から見て、わたしの痛みは、変形性膝関節症ではなく、棚膝のそれではないかというのが友人の意見であった。棚膝なら、治療法が異なる。完全治癒も可能だ。

さっそく、わたしは整形外科に行った。問診のあと、レントゲン撮影をおこなうと、医師はいった。

「典型的な棚膝ですね」

病名がわかり、わたしはほっとした。これで適切な対処ができる。

幸い、炎症は軽度だった。膝の内部にあるしわ（棚）が、関節を動かしているときひっかかっているのに、それを無理して動かしたため起きた炎症である。重症だと、手術をして癒す病気だが、その必要はない。鎮痛消炎剤を痛むときに塗布するだけでいいと医師にいわれた。

いわれたとおりにしていると、膝の痛みはしばらくして消えた。それまでは運動強度を少し下げて走っていた。勾配の強い坂登りなどは控えた。変形性膝関節症同様、棚膝にも自転車による運動は有効である。ただ、ヒルクライムは膝に負担がかかるので、炎症がある間はやらないほうがいい。症状に合わせて、走行メニューを組み立てる。これが重要だ。

走行メニューは、さまざまな検査が終わった時点でつくるようにする。

まずは走行時間を決めたい。距離を先に決めると、がんばりすぎてしまう。タイム短縮に血道を上げるようになったら、それは危険状態だ。その手の修行的走りは、もっとからだが自転車に馴染んでから取り入れればいい。自転車雑誌を見ると、毎号、ハードな練習方法が特集されている。これはレース志向の人たちのものだ。参考になるところも多々あるが、初心者がそのままマネをすると、故障につながるトレーニング法も多い。何度も書くが、無理は禁物である。継続は力なり。のんびりやって、長くつづける。この方針を貫こう。

生まれてはじめてスポーツ走行をするのなら、時間は六十分以内が妥当である。ただし、三十分以上は走りたい。とりあえず、安全そうな道路（サイクリングロードを推奨する）を三十分、一定のペースで走ってみよう。運動強度は、呼吸を少しだけ意識するようになるくらいである。はあはあと肩で息をするようなら、それはオーバーペース。そんな速度で走ってはいけない。

三十分走ったら止まり、水を飲む。それからUターンして家に戻る。これでいい。ポタリングなら、もっと気楽に走ってもいい。十分走っては、景色を眺め、また十分走ってはバードウォッチングするなんてのはいかがだろう。こういう大雑把なものも、もちろん立派な走行メニューである。こういう走り方だと、一時間くらいがあっという間に経ってしまう。これはこれでオッケイ。ただ走るのなら、三十分、ポタリングなら一時間。これが、ほどよい目安だ。

こののんびり走行をひと月ほどつづけると、すぐに物足りなくなる。そうなったら、運動強度はあげず、時間を少しずつ伸ばそう。強度は意識してあげなくても、自然にあがっていく。心肺機能が向上し、平均速度が知らぬ間に速くなる。

メニューには、走行ローテーションも入れておく。

わたしは月火木金の一週間四日走行だ。とにかく、週に三日は休みたい。一日置きに走るというローテーションもある。雨や外出などでローテーションはしばしば乱れるが、それは気にしない。一日置きに走っている人がローテーションを戻すために二日つづけて走るのは、問題ないと思う。だが、体力にいまひとつ自信のない人や五十歳を過ぎている人が強い負荷をかけて三日連続で走るのは、避けたほうがいいかもしれない。わたしは年齢のわりにハードなトレーニング走行をしているので、三日連続して走ると、本当に体力が底をつく。からだによくないなあと実感する。

自転車通勤の人は天気に恵まれている限り五日間連続して走ることになるが、これも、ちょっと疲れ気味かなと感じたら、その日は公共交通機関通勤に変更したほうがいい。休むこともトレーニングのうちなのである。

保険に入ろう

女子高校生が無灯火の自転車で走行中に携帯電話を使っていて歩行者にぶつかり、被害者に重い障害が残るという事故があった。裁判所が命じた賠償金は五千万円である。

これは最悪の例だが、自転車の事故であっても、自動車のそれと差がない賠償金が科されることはけっして珍しくはない。死亡事故ならば、もっと金額がかさんでいたことだろう。スポーツ自転車はスピードがでる。高速走行は、そのまま事故の大きさに比例する可能性がある。万が一に備えて対処するのは、当然のことであり、義務といってもさしつかえがない。

自転車で使える保険は、自転車保険と個人賠償責任保険がある。自動車に乗っていて任意保険に加入しているのなら、その保険に特約で自転車保険も追加することができる。生命保険にそういった特約がついているものもある。補償金額はほとんどの場合、一億円だ。わたしはそういったものがなかったので、単独の自転車保険に加入した。賠償金補償額が二千万円で、家族の事故もカバーしてくれる。保険料は三年で八千八百十円だ。とても安いが、そのぶん補償金額も低い。そこで、あとに入った家族傷害保険で三千万円の賠償責任補填契約を追加した。もちろん、これらの保険は、自分が負った怪我の補償もしてくれる。死亡保険金も支払われる。

自転車は車両である。それに乗る者は、けっして歩行者ではない。乗れば、運転者としての責任が生じる。その責任の大きさ、重さに応えられるよう、常に備えておこう。いざというときに、ただうろたえるだけで何もできないということほど恥ずかしいことはない。

減量はゆっくりと

ルーの三原則というものをご存じだろうか。超回復の原理というのもある。どちらも、トレーニング用語だ。

筋肉は使わないと衰える。筋肉は使いすぎると衰える。筋肉は適度な運動を与えると発達する。

これがルーの三原則である。

筋肉に強い負荷を与えると、筋繊維が破損する。傷つき、ダメージを受ける。いきなり激しい運動をして、翌日筋肉痛に悲鳴をあげることがあるが、これはこの筋繊維の破損によるものだ。そこで、筋肉を少し休ませる。四十八時間が適切な休息時間だ。すると、傷ついた筋繊維が修復され、傷つく前よりも太くなる。これが筋肉が発達するメカニズムで、以前と同じレベルに回復するだけでなく、より強くなるということから、超回復の原理と呼ばれている。

トレーニングは、常にこのルーの三原則と超回復の原理に則っておこなわれなくてはいけない。先にわたしが休むこともトレーニングのうちと書いたのは、こういう原理・原則があるからだ。

わたしはルーの三原則と超回復原理をもとに走行メニューをつくり、それを実践してきた。

即効性はない。よくテレビなどで、二週間で五キロ痩せたなどといったダイエット特集をしているが、それはわたしのメニューとは無縁だ。八十四キロあった体重を六十キロ以下に、二十四パーセントだった体脂肪率を九パーセント以下にまで下げたが、それには三年近い月日を必要とした。月に割ると、ひと月一キロの減量である。え、そんなものなのという数字だ。まったく無理をしていない。それでも、これだけの成果がある。

体重の減りが体脂肪率のそれよりも遅いことには理由がある。

スポーツ自転車による走行で、全身の筋肉が発達したからだ。筋肉は脂肪よりも重い。一説には三倍くらい重いといわれている。脂肪が筋肉に置き替わると、体重はさほど減らない。逆に増えることもある。それがゆえに、わたしの体重は月に一キロ程度しか落ちなかった。そのぶん体脂肪率の変動幅は大きい。

筋肉量を増加させながらのダイエットは重要な意味を持つ。基礎代謝量を増やすことになるからだ。これにより、減量後のリバウンドを防ぐことができる。

筋肉は、大喰らいだ。動くときにエネルギーをせっせと消費する。同じ身長、体重、年齢の人を比較すると、筋肉量の多い人のほうがはるかに基礎代謝量が高い。つまり、多少多めにカロリーを摂取しても簡単には太らないということだ。摂取したカロリーは筋肉によってスムースに消費されていく。これを利用したダイエット法が、ダンベル体操である。軽いダンベル運動で筋肉量を増やし、太りにくいからだをつくる。食事制限だけで減量すると、脂肪とともに筋肉も落ちてしまう。これは、ひじょうに危険な状態だ。基礎代謝量が低いためリバウンドしやすく、健康も維持できない。体力、免疫力がとくに低下する。

基本的に、わたしは食事の量的制限をしていない。コレステロール値が高かったということで低インシュリンダイエットを採用しているが、食事そのものはおなかいっぱいになるまで食べる。一緒に食事をする人が、驚くほどだ。それくらい食べても、リバウンドはない。ありがたい限りである。

減量を目標に自転車生活をはじめる人は、必ず休養日を含めた走行メニューを作成しよう。思いきり運動して、思いきり休む。正直、これを実行するのは、かなりむずかしい。冬季など、晴れて陽射しの暖かい日が休養日と重なったときは、ローテーションを無視して無性に走りに行きたくなる。それをぐっとこらえるのは、至難の業だ。毎日走っていると、誰でもトレーニングホーリック気味になる。こんないい日に走らないのはもったいないと思い、ついうっかり無理をしてしまう。誘惑を断ち切り、からだをきちんと休ませる。そういう強い意志を持つことが重要である。

レイオフをとる

トレーニングには、レイオフがつきものである。

レイオフと聞くと、どきりとする人がいるかもしれない。が、いまここで使おうとしているレイオフという言葉はトレーニング用語だ。経済・労働用語ではない。

わたしが立てた走行ローテーションの中には、年に一〜二回のレイオフが入っている。長期休養期間のことだ。コンテストでトップ争いをしているボディビルダーは、年に一度、一か月にも及ぶ長期休養をとる。ロードレースのプロ選手もそうだ。シーズンオフに入ると、二週間以上は何もしなくなる。選手によっては、自宅にこもったきり、毎日ただごろごろと寝て暮らす人もいる。一年間、ひたすらトレーニングに励み、過酷なレースに身を投じてきたプロ選手の肉体疲労は、これくらい休ませないと解消に至らない。

わたしのようにそこそこの負荷で、わりとお気楽に走っている軟弱ライダーであっても、疲労は少しずつ体内に蓄積されていく。週四日、ロードバイクで五十キロ以上を走るのは、過酷とまではいわないまでも、五十代の肉体の衰えた回復力では手に余ることなのだ。若いころのように一晩ぐっすり寝たら、からだが軽い軽いなんてことは絶対に起きない。おおむね半年くらい走行ローテーションをつづけていると、あるときからいきなり足がまわらなくなってくる。

「おかしいな。土日を休んでの月曜日なのに、どうしてこんなに足がだるいんだろう」

そう思ったら、レイオフ時だ。梅雨の季節、連日雨が降りつづいているときにそういう感じがすると、決断は早い。

とりあえず、一週間ほど走行を休む。理想は十日くらいだが、なかなか十日連続で休むことはできない。やや中毒傾向があるため、長く休むといらついてくるのだ。ああ、乗りたい！　ロードで走りまわりたい！　という衝動につき動かされ、さっさとレイオフを終了させてしまう。だから、わたしのレイオフは年二回、合計で二週間前後ということになった。年末年始と六月末だ。どちらも休むには都合のよい時季である。

レイオフに入ったら、運動は何もしない。これが原則だ。わたしは日課として腹筋、背筋運動などもやっているが、レイオフとなったら、これも休む。正直、リバウンドが怖くてけっこう不安になる。でも、意を決して休む。たかだか一週間だ。爆発的に体重が増えるわけではない。体脂肪率が倍になるわけでもない。当然、食事量は減らす。カロリーのことを考えてごはんを食べる。

いうまでもないことだが、ポタリング中心で自転車生活を楽しんでいる人、土日水曜日の週三日のんびり走行の人は、定期的なレイオフを必要としない。そういう人は、「あ、ちょっと疲れてるかな」と思ったときに数日からだを休ませるだけでいい。それがレイオフの代わりとなる。

自転車通勤の人は、ケースバイケースだ。距離や頻度で大きく変わってくる。週五日、片道二十キロ程度のじてつうをしているのなら、レイオフをとったほうがいいと思う。中には、週五日の自転車通勤に加え、土日祝祭日もサイクリングに行ったりする猛者もいるが、そういう人は年齢に関係なく、絶対にレイオフをとったほうがいい。最悪、運動性慢性疲労になりかねない。そうなったら、入院一直線である。

距離が片道十キロくらいで、週に三日だけじてつうと決めているツーキニストは、ほどよくからだを休めている人だ。スケジュールにレイオフを組みこまなくても、休養は十分であると考えられる。ただし、強い疲労感を覚えている場合は、この限りではない。だるいと思ったら、すぐに休んでいただきたい。疲労の蓄積は個人差が大きいのだ。千差万別で、みながみなこうすればいいという法則は存在しない。くどいようだが、休むことで、人間のからだは成長、発達する。このことを忘れてはいけない。

ギヤが足りない？

いまわたしが乗っているロードバイク、TREKの5500は二十段変速車である。この話をすると、「そんなにギヤがあって、全部使いきれるの？　必要ないんじゃない？」と必ず訊く人がいる。

答えはひとつだ。

「使いきります。二十段の場合、足りないくらいです」

自転車の走り方にもトレンドがある。四輪でいうドリフト走法とグリップ走法のようなものだろうか。車体の剛性が勝ればドリフト走法になり、タイヤの性能が勝ればグリップ走法になる。スキーもそうなのだが、道具を使っておこなうスポーツの場合、道具の特性によって技術が劇的に変化する。

ロードバイクのいまのトレンドは、低負荷、高回転だ。軽いギヤで、くるくるまわす。まわすのはクランクだ。プロレーサーは、一分間に九十〜百二十回転くらいさせるらしい。

むかしは、そうではなかった。重いギヤをぐいぐいと踏んでいた。とくに登り坂では、その傾向が顕著だった。それを一気に変えたのが、ツール・ド・フランスを七連覇したロードレース界の英雄、ランス・アームストロングである。常識では考えられない速さでクランクをまわし、ランスは、ロードレーサーの頂点に立った。

以降はもう、まわす走法大全盛である。

なぜ、このような変化が起きたのか。

多段化のせいだ。

二十段変速というのは、前のギヤが二枚で、うしろのギヤ（スプロケット）が十枚ということである。このうしろのギヤが十枚になったのは、つい最近のことだ。かつて、わたしが最初のスポーツ自転車を買ったころは、スプロケットの最大枚数が五〜六枚であった。ギヤの歯数は、いちばん小さいのが12Tで、最大のものが25Tくらいだった。この12〜25を五枚のギヤで割ると、あいだが大きく飛ぶ。理想はひとつずつ歯数が増えていくことだが、絶対にそうはならない。三つか四つ、いきなり増えていく。いわゆるワイドレシオというやつだ。

こういうギヤだと、一速あげるだけで、クランクは急激に重くなる。シフトアップして加速となると、重いギヤをぐいぐい踏むしか方法がないのだ。

スプロケットの枚数は、加工技術の進歩に伴って、一枚ずつ増えていった。七枚、八枚、九枚、そして、ようやく十枚になった。

わたしが使っている平坦路用スプロケットは、歯数が12〜21Tである。12T、13T、14T、15T、16T、17T、18T、19T、20T、21T。きれいに十枚が並ぶ。これだと、一速あげても、それほど大きな変化はない。軽めのギヤでクランクをくるくるまわして加速していくことができる。高回転を維持しながらシフトアップし、自転車を高速巡航へと持っていく。道具の進歩が、走法を変えたのだ。

軽いギヤをくるくるとまわすのは、からだにもやさしい。とくに膝に障害を持つ人は、この走法をきちんと身につけよう。自転車は膝のリハビリに最適の運動といわれているが、それは軽いギヤをまわしたときの話だ。重いギヤを強引に力で踏みこむと、必ず膝に負担がくる。べつに百回転もまわせなくていい。わたしは七十五〜九十回転を維持するようにまわしている。ギヤも、それが可能な歯数を選ぶ。棚膝という爆弾をかかえているので、無理は何があってもしない。回転数を一定数に保つため、ギヤはこまめに変える。ちょっとでも登るようなら、すぐに一速落とす。スタート時はインナーにする。で、すうっと加速させてアウターに戻す。アウターは標準的な歯数よりも少し少ない50Tだ。体力と持病のことを考慮して、このチェーンリングにした。頻繁なギヤチェンジ、速度ではなくクランクの回転数(ケイデンスという)を見て走る。

残念なことに、登坂用のスプロケットは12〜27Tである。これだと、十速でも歯数が飛ぶ。19T、21T、24T、27Tである。これがちょっとつらい。歯数をきれいに並べるためには、あと五枚増やさなくてはいけない。前二枚、うしろ十五枚の三十段変速だ。これなら、きっと急坂も楽に登れる。

二十段ギヤ、はっきりいってそれでは足りないのである。

ケンケン乗りは禁止

ママチャリに乗っている人は、ケンケン乗りをすることが多い。ケンケン乗りとは、自転車で走りだすときに左足を左ペダルの上に置き、右足で地面を蹴って自転車を進ませ、少し進んだところで、サドルにまたがる乗り方である。

これは、やってはいけない。クランクを取りつけているボトム・ブラケット（通称BB）が傷むからだ。せっかく買った自転車の寿命をわざと縮めることなど、とてもできない。

スポーツ自転車には乗り方がある。冗談ではなく、本当にロードバイクの教則本にはそれが書いてある。簡単に記しておこう。

まず、ハンドルを握り、トップチューブをまたぐ。すぐサドルにお尻を載せたりはしない。

またいだ状態で、右足を右ペダルの上に置く。左足は地面についたまま自転車を支えている。

体重を右足にかけ、その反動でからだ全体をふわりと上に持ちあげる。

左足を左ペダルの上に置き、それからお尻をサドルに載せる。以上だ。

停止時はサドルからお尻を外し、前に降りる。乗るときと逆だ。右足を右ペダルの上に置いたまま、トップチューブをまたぐ形で、左足を地面に降ろす。要は、サドルの前から乗り、前から降りるということだ。

スポーツ自転車のサドルは高い。きちんとポジションを決めると、ロードバイクの場合、サドルに腰かけた状態では両足とも爪先がつかなくなる。だから、サドルにお尻を置いたまま片足をつこうとすると、かなり危険なことになったりする。一度、ツール・ド・フランスなどの自転車ロードレースを見てみるといい。選手はみな、このようにして自転車に乗降している。よほどの非常時でない限り、例外はない。くれぐれもケンケン乗りはしないように。それは自転車を愛する者のやることではない。

無法ライダーにならない①

自転車に関する法律が、実はいろいろと存在している。むかしは、ぶ厚い六法全書を買ってこないと最新の法律条文を読むことができなかったが、最近は事情が変わった。インターネットのおかげである。検索すれば、必要な法律がすぐにパソコンの画面に表示される。

これからスポーツ自転車生活に入ろうかなと考えている人も、すでにスポーツ自転車生活にどっぷりとはまっている人も、時間があるのなら、道路交通法を読んでおこう。意外な規制があることに驚くはずだ。これまで法律を守って自転車に乗っていると思っていたら、そうではなかったことがわかることもある。どう考えてもおかしいと思える法律が見つかることだってある。法律の熟読は、けっこう楽しかったりするのである。

で、最初に覚えておきたい道路交通法の条文がこれだ。

第17条（通行区分）
車両は、歩道又は路側帯（以下この条において「歩道等」という。）と車道の区別のある道路においては、車道を通行しなければならない。
第18条（左側寄り通行等）
車両（トロリーバスを除く。）は、車両通行帯の設けられた道路を通行する場合を除き、自動車及び原動機付自転車にあつては道路の左側に寄つて、軽車両にあつては道路の左側端に寄つて、それぞれ当該道路を通行しなければならない。

自転車は車道を走り、かつ、その左側端を通行しなくてはいけないという条文である。条文中で「軽車両」となっているのが自転車だ。これを守らない自転車が本当に多い。ママチャリがほとんどだが、堂々と右側を走ってくる。おかげで、法律を順守して走っているこちらと正面衝突しそうになる。小学校で、ちゃんと習っているはずだ。「車は左、人は右」。忘れてしまったんだろうか。車輪がついている以上、自転車は車である。絶対に守って走っていただきたい。

つぎは、これ。

第19条（軽車両の並進の禁止）

軽車両は、軽車両が並進することとなる場合においては、他の軽車両と並進してはならない。

二台以上の自転車が並列して走ってはいけないと書いてある。これも、違反車が多い。買物途中のおかあさん、通学途中の小中高校生、ばりばりのローディ、みんな友だち同士、肩を並べておしゃべりしながら走っている。中には、三〜四台が横一列に並んで走っているときもある。明らかな法律違反だ。やめてほしい。とくにローディは、その姿が派手で目立つ。レースの集団走行の練習を兼ねているつもりなのかもしれないが、レースの特殊な練習を公道でやるのは、マナーとしても避けるべきことである。ローディには、率先して自転車乗りの範になるという意識を持って行動してもらいたい。強くお願いする。

そして、違反者がとくに多いのがこれである。

第52条（車両等の灯火）

車両等は、夜間（日没時から日出時までの時間をいう。以下この条及び第63条の9第2項において同じ。）、道路にあるときは、政令で定めるところにより、前照灯、車幅灯、尾灯その他の灯火をつけなければならない。

無灯火自転車は社会問題にもなっている。違反車両は、やたらと多い。とにかく危険だ。闇の中からいきなり高速で飛びだしてくる無灯火自転車は、ひじょうに恐ろしい。これに関しては、警察に厳しい取り締まりを期待したい。高額の罰金をとるようにしない限り、撲滅はむずかしいのではないだろうか。

無法ライダーにならない②

自転車は、歩道を走ることもできる。悪法中の悪法という人もいるが、ママチャリ全盛のいまとなっては、この条文を即座になくしてしまうことは困難である。だが、将来的には廃止を目指していただきたい条文である。

第63条の4（普通自転車の歩道通行）

① 普通自転車は、第17条第1項の規定にかかわらず、道路標識等により通行することができることとされている歩道を通行することができる。

② 前項の場合において、普通自転車は、当該歩道の中央から車道寄りの部分（道路標識等により通行すべき部分が指定されているときは、その指定された部分）を徐行しなければならず、また、普通自転車の進行が歩行者の通行を妨げることとなるときは、一時停止しなければならない。

歩道を走れるといっても、どこを走ってもいいというものではない。歩道のどこを走るのかも法律でちゃんと定められている。左側端走行ではなく、車道寄りを走るのだ。しかも、徐行しなくてはいけない。徐行とは、すぐに停止できる速度のことである。わたしが試した感じでは、時速十キロ以下といったところだ。ものすごく遅い。だが、それでも歩行者の倍の速度だ。これを無視して、歩道の真ん中をびゅんびゅん飛ばしている暴走ライダーがいる。さらにはベルを鳴らして歩行者を蹴散らす不届き者もいる。許してはいけない。歩行者に行く手をさえぎられたら、歩道走行の自転車は一時停止しなくてはいけないのである。ましてや、ベルを鳴らすなどは論外だ。

第54条（警音器の使用等）

① 車両等（自転車以外の軽車両を除く。以下この条において同じ。）の運転者は、次の各号に掲げる場合においては、警音器を鳴らさなければならない。

1 左右の見とおしのきかない交差点、見とおしのきかない道路のまがりかど又は見とおしのきかない上り坂の頂上で道路標識等により指定された場所を通行しようとするとき。

2　山地部の道路その他曲折が多い道路について道路標識等により指定された区間における左右の見とおしのきかない交差点、見とおしのきかない道路のまがりかど又は見とおしのきかない上り坂の頂上を通行しようとするとき。

②　車両等の運転者は、法令の規定により警音器を鳴らさなければならないこととされている場合を除き、警音器を鳴らしてはならない。ただし、危険を防止するためやむを得ないときは、この限りでない。

このように、やたらとベルを鳴らすのは法律で禁じられているのである。「警笛鳴らせ」と書かれた標識のある見通しの効かないところか、危険防止で、どうしてもやむをえない場合以外は鳴らしてはいけない。当然、歩道で歩行者をどかせるために鳴らすなんてことはありえないのだ。鳴らされたら、歩行者はすぐに警察を呼んでもいいくらいである。わたしは、ベルを使ったことが一度もない。ただの飾りになっている。歩行者に注意をうながすときは、「すみません」と声をかける。歩道は、歩行者のものだ。自転車は、たまたま走らせていただいているという意識を常に持とう。それがいやなら、堂々と車道を走ればいいのである。

多摩サイで迷惑しているのが脇見運転である。たいていは大きく蛇行している。対向車線にはみだしてくる自転車も多い。自転車が車両で、乗員はそれを運転している運転手だという自覚がない人が、こういうことをするようだ。法律では前方不注視運転といっていて、これで事故を起こしたときは重過失となる。自転車で走っていて、何か興味があるものがあったら、ためらうことなく停止しよう。その場合、必ず道路の外にでる。道路の中で立ち止まるのは危険だし、邪魔だ。むろん、停止する前に後方確認を忘れない。急ブレーキは追突のもとである。

手信号を活用する

手信号をご存じだろうか。ほとんど知られていないが、実は自転車は手信号を義務づけられている。使わないと、道路交通法違反になる。条文は、これだ。

第53条（合図）

①　車両（自転車以外の軽車両を除く。第3項において同じ。）の運転者は、左折し、右折し、転回し、徐行し、停止し、後退し、又は同一方向に進行しながら進路を変えるときは、手、方向指示器又は灯火により合図をし、かつ、これらの行為が終わるまで当該合図を継続しなければならない。

②　前項の合図を行なう時期及び合図の方法について必要な事項は、政令で定める。

③　車両の運転者は、第1項に規定する行為を終わつたときは、当該合図をやめなければならないものとし、また、同項に規定する合図に係る行為をしないのにかかわらず、当該合図をしてはならない。

ニフティの自転車フォーラムの走行会では、走りだす前にこの手信号の講習がある。わたしもひととおり身につけた。

手信号は、一種の矛盾を含んでいる。片手運転は安全運転の障害になる。バランスも崩れるし、ブレーキも握れない。そういう状況で、「これらの行為が終わるまで当該合図を継続しなければならない」というのは、納得できない規定である。片手ハンドルで右左折、車線変更をさせるのは、どう考えても危険だ。法律にはこういう机上の空論的なものが少なからず存在する。これについては、臨機応変に対処するしか方法がない。

とはいえ、手信号はひじょうに有効である。ふだんはけっこう自転車を邪魔者扱いしてくれる自動車も、手信号を使うと右左折をちゃんと待ってくれることが多い。車線左端を走行中に違法駐車車両に遭遇し、右に車線変更しなければならないときも、手信号をだせば、違法駐車車両をパスするまで後続車が減速してくれる。すべての曲がり角、車線変更で必ず手信号をだすというのは簡単ではないが、可能な限りだすようにしたい。

問題は、警察官の乗る白自転車も、手信号をだしていないということかな。警察官は、けっこう道路交通法を守らない。右側通行をしたり、二台併走している自転車をたまに見かける。そういうとき、わたしはすぐに警視庁のホームページに行き、メールで投書をおこなう。これは、効果がある。すぐに所轄警察署から電話があり、謝罪して善処を

●右折
対向車からも
後続車からも
よく見える
ように。
右手を水平に
横にだす。
どれも
他の人に
わかってもらう
ことが大切
●左折
右手を横に
だし、ひじ
を直角に
曲げて、手を上に
向けるのも左折の
合図。（右折の
ときは左手を
同様にする）
左手を水平に
横にだす。
●停車
後続車に
よくわかる
ように ネ
最近は
右手の
こぶしを
腰に
当てる
のが
主流。
右手のひらを
うしろに向けて斜
め下にだすのもある。
●注意
キケンなど、後
続に注意を
うながしたい
方向を指
さす。

自転車の手信号

約束してくれる。自転車警察官の違法行為を目撃したら、即座に通報しよう。警察官がやってないことを一般の市民がやるなんてことはありえない。まず、隗《かい》からはじめていただきたいものである。

夫婦でポタリング

十二月のある日、家内とふたりでポタリングに行ってきた。

自転車はママチャリである。目的地は、高幡不動。毎月第三日曜日にひらかれているござれ市（骨董市）を覗くためだ。距離は、片道十五、六キロといったところか。ロードバイクで走れば、四十分以内で到着する。だが、今回はポタリングなので、その日安はいっさい使えない。

そもそも家内は、典型的な近所の買い物のみの自転車ユーザーである。自転車には毎日乗っているが、走行距離は、長くて数キロ単位だ。十キロを越える距離を一気に走ったことは一度もない（もしかしたら、最長で五キロ以下かも）。自転車はどこもいじっていないママチャリで、シングルギヤである。しかも、膝とアキレス腱と腰に慢性的な痛みをかかえている。そういう人が、そういう自転車でいきなり往復三十キロのコースに挑む。これは、かなりスケジュールに余裕を見なくてはいけない。

十時に家をでた。でてすぐ、まずいと思った。この日は、今季いちばんの寒気が日本列島全体を覆った日だった。それも年に一度くるかこないかというスーパー寒気だ。北風が、ごうごうと吹いている。予報では、瞬間最大風速で十五メートル以上などといっていた。天気は快晴だが、予想最高気温は五度という最悪のコンディションである。

とりあえず、多摩サイに入った。北風は横風、もしくは向かい風になる。わたしが前を走って風よけになるが、それでも家内は風にあおられ、前進を妨げられている。

八十分近くかかって、関戸橋に着いた。ここでいったん休憩する。糖分を補給し、トイレにも寄る。家内は明らかに帰りたがっている。たしかに初長距離ポタリングがこれでは、泣きも入るだろう。しかし、これもまたポタリングなのである。つらい状況を楽しみに変える。そういった姿勢が思い出をつくる。……などと強引に説得して、再出発。

関戸橋から高幡不動は近かった。いつもは通らない程久保《ほどくぼ》川沿いのサイクリングロードを使ったため、道がよくわからない。地図を見ながら、左折する場所を探す。こういう手探りで進むところが、いかにもポタリング的である。で、雰囲気としてここらあたりだろうというところで左に折れ、一般道に入った。これが大正解である。道なりに行くと、あっさり京王線の高幡不動駅の前にでた。時刻はジャスト正午。ほぼ予定どおりである。ポタリングならば、これくらいのペースになるだろうと思っていた、そのとおりになった。

正午となれば、昼食である。ネットで評判のよかったインド料理の店に入った。ランチカレーを食べる。さすがにこれは行きあたりばったりというわけにはいかない。レストランに勘の利く人ならいいのだろうが、わたしには無理だ。

食事のあとは、いよいよ高幡不動参詣だ。もっとも、きょうの狙いは先にも述べたようにござれ市である。これがおもしろそうだということで、行き先が高幡不動になった。露店を覗き、賽銭をあげて参拝し、おみくじを引いて、おみやげの饅頭を買う。

帰路についたのは、十三時半くらいだった。きた道をたどって多摩サイに向かうと、風が鎮まっている。追い風で、弱い。寒いことは寒いが、行きと違って、実に気分がいい。

その気分のよさに誘われ、家内に寄り道を提案した。寄り道は、ポタリングの常道である。これをしないと、正しいポタリングにならない。しかし、すでに膝の痛みを訴えている家内はあまり気のりがしない。それを説得して、関戸橋から稲城方面へと向かう。地図を見た限りでは、それほど遠くないはず……と思っていたのが間違いで、なかなか着かない。しかも、道はすべて登り坂基調である。地図では道路勾配がわからない。これはわたしの大失敗だ。家内に陳謝して前進。ようやく目的地(某ショップ)に到着し、ちょっとした買い物をした。

行きが登りだったので、帰りは下り坂。すんなりと多摩サイに戻り、一路、自宅をめざす。スーパーに寄るという家内とは調布の駅前で別れた。帰宅は十五時半。こうして五時間半に及ぶきょうのポタリングは終わった。総走行距離は四十キロくらいであろうか。終始快晴だったが、気温と強風にはかなり翻弄された。風は自転車最大の敵という言葉をあらためて噛みしめる一日となった。

以上、いかにもポタリングらしいポタリングというほどのものでもないが、ポタリングの一例として走行レポートを書いてみた。こういう走り方だと心拍数はそれほどあがらないが、それでも、これだけの距離を走ると、それなりの体力増強効果が十分にある。これから自転車生活をはじめてみようと考えている人は、まずママチャリでこういったポタリングをしてみたらいかがだろう。キーワードは寄り道と距離である。

MTBで遊ぶ

高千穂（以下高）「MTBについて、お話を聞かせてください。YさんはMTB歴何年くらいですか？」

Y「まだ五年くらいです。三十三歳からはじめました。まあ初心者に毛が生えた程度のレベルでしょう」

高「わたしのロード歴と似たようなものですね」

Y「そんな感じです。サンデーライダーですし」

高「ＭＴＢは何台お持ちですか？」
Ｙ「一台だけですよ。二年前に買い換えたのですが、前のバイクは友人に譲りました」
高「どのように使っているのか、教えてください」
Ｙ「週末や祝祭日に、近所の里山でトレイルを走っています」
高「里山？　トレイル？」
Ｙ「里山は、どこにでもある人里に近い丘とか山のことです。そこにある非舗装の林道や登山道がトレイルですね。そういうところを走り、山の中を駆けめぐるのがトレイルランです。たまに練習で、川原なんかを走ることもありますが、ほとんどは山に行きます」
高「楽しめますか？」
Ｙ「最高ですよ。あの太くてごついブロックタイヤは非舗装路を走るためにありますからね。舗装道路を走っていると、遅いし、うるさいしでかなりストレスが溜まるんですが、それがトレイルに入ると、一変します。ロードで非舗装路走るの、いやでしょ？」
高「ものすごくいやです。多摩サイの一部に舗装されていないところがあるんですが、滑るので、すごく緊張します。７００×23Cで舗装していない道を走るのは避けたほうがいいですね」
Ｙ「ＭＴＢだと、それが逆になります。ブロックタイヤで舗装道路を走っても、あまり楽しくない。でも、非舗装路に入ったら、こっちのものです。坂だろうがなんだろうが、がんがん走ってやるぞという気になってしまいます」
高「とはいえ、どんな道でも走ってしまうってことはないですよね。そういう道だと、倒木や落石もあったりしますから」
Ｙ「たしかに、かつぎもあります。自転車一台がやっと通れるトレイルをシングルトラックというんですが、めちゃくちゃ荒れていたら、ＭＴＢでも走るのがむずかしいので、そういうときは自転車をかつぎます。足で歩いて登ったり下ったりするんです。しかし、これがまた楽しい。ハイキング気分というか」
高「東京の近辺にそういう里山があるというのが、ちょっとした驚きですね」
Ｙ「探せば、たくさんあります。みんなで押しかけて山を荒らしてしまうことを懸念して、あまり公開はしていませんが、調べると、けっこう穴場が見つかるんです。ＭＴ

Bのプロショップの中には、近所の里山のトレイルをきちんと管理して、環境や道が荒れないようにしているところもあります。入れるのは、ショップの客でつくったサークルのメンバーだけ。店主が同行してマナーや技術を教えます。そういうショップが近くにある人は、ぜひそのショップでMTBを買うことをお勧めします。評判はインターネットで調べれば、すぐにわかりますよ」

高「首都圏でそれなら、地方は魅力的なトレイルの宝庫ですね」

Y「そうなんです。それがMTBのいいところです」

高「遠征はされるんですか？」

Y「します。でも、舗装路をえんえんとMTBで走るのはいやなので、目的地までは自動車で行きます。自動車にMTBを積み、山の近くで降ろしてそこからトレイルに入ります。仲間同士で行くときは、大型のワゴンをレンタルしてそれに何台も自転車を積みます。ショップ主催の走行会も少なくないはずです」

高「自動車輪行は、ロードでもやっている人がいますね。サイクリングロード（CR）まで自動車で移動し、駐車場に車を入れてロードに乗り換え、CRを走る。わたしの友人にも、それを得意にしている人がいます」
Y「やはり、走りたいところを走らなくっちゃね。そこに着くまでに疲れてしまったら、せっかくの遠征が楽しくなりません。自転車と自動車は共存できますよ。要は使い方次第です」
高「きょうはおもしろい話をありがとうございました」
Y「高千穂さんもMTBやりましょうよ」
高「残念。ロードで手いっぱい……いや、足いっぱいです（笑）」
（注：この対談は複数の方への取材結果を架空人格Yさんに集約して構成したものである。）

長距離ツーリング

日帰りで少し長い距離を走ってみようと思い、山中湖に行くことにした。距離は往復で百六十一キロである。

5500に乗り、朝六時十五分に家をでた。多摩サイを走って関戸橋を渡り、多摩センターを経て橋本を抜け、国道四一三号に入った。ラッシュアワーなので、車が多い。バスも多い。慎重に走る。天気は晴れ。九月になったばかりだが、気温はそれほど高くない。予想よりも涼しい。

橋本からは道が単純。間違えるようなことはない。道志みちを淡々と走る。ゆるい登りがずうっとつづく道だ。「道の駅どうし」で長めの休憩をとった。ここからは勾配が少しずつきつくなっていく。補給をとり、再出発した。

峠を越える。山伏峠だ。それほど厳しい峠ではない。登っていったら、いきなり山伏トンネルがあらわれた。くぐると、もう山中湖は目の前である。坂を下って、十時五十分くらいに山中湖へと到着した。コンビニで昼食。八十キロを走ってきたという印象はあまりない。ひたすらクランクをまわしていたら、着いてしまったという感じだ。ソロだと、自転車から離れてあれこれ見物というわけにいかないので、どうしてもこんなツーリングになってしまう。

昼食を食べ終えて、Uターンする。観光とか、そういったことは何もなし。ただ走るだけ。

帰りは、すごく楽だった。登ったのは山伏峠のみである。あとは、ひたすらたらたらとゆるい坂を下る。行きにたらたらと登って山中湖に至ったのだから、これは当然のことだ。下りなので、速度がでる。気持ちがいい。往路で消耗し、疲れて帰る復路が楽というのは、とてもいいことだ。そういう意味では、これはナイスなコースである。自宅着は十四時半。休憩と食事時間を含んでの総走行時間は、八時間十五分である。平均時速は二十三キロ前後。本当に平均的な速度だ。ツーリングに行くと、いつもこれくらいの速度になる。

山中湖に行く途中で、ちょっとしたメカトラブルがあった。津久井湖を過ぎたあたりだ。走っていると、異音が聞こえてきた。コン、コン、コンという音だった。クランクをまわすのに合わせ、一定間隔で足に響いてくる。反射的に「BB（ボトム・ブラケット）だな」と思った。しかし、「たぶん違うな」とも思った。

以前、走っていてギシギシ音が聞こえたことがある。このときも絶対にBBだと思った。耳を澄ますと、クランクの付け根あたりから聞こえてくるような気がする。クランクの付け根といったら、BBである。

だが、その判断は外れた。音はフロントホイールのクイックから響いていた。自転車の異音の源を突きとめるのは、けっこうむずかしい。どこで音がしていても、だいたいBBからの音のように聞こえるのだそうだ。プロなら聞きわけられるが、わたしのような素人には区別がつかない。だから、音だけでここだと決めつけるのは禁物である。それは多くの場合、間違っている。

BBだったらまずいぞ。

わたしはちょっと考えた。音源がBBで、ベアリングの不良だとしたら、走りつづけるのはよくない。ましてや峠越えなど厳禁である。すぐに引き返したほうがいい。が、BBでないのなら、それほどあせることはない。

少し迷い、そのまま行くことにした。わたしの判断は、あまりあてにならない。たぶん大丈夫だろう。そう思いこむことにした。

家に戻る前、神金自転車商会に直行した。

結果はBBのネジのゆるみであった。致命的なトラブルではなかった。増し締めをして修理完了である。かなりほっとした。とはいえ、原因を突きとめるのは、プロでも容易ではなかった。あれこれチェックして、三十分以上かかった。自転車から異音がでた場合、ケースにもよるが、プロであっても音源を特定するのは、けっこうむずかしい。今回は、たまたま大きな問題の起きない箇所だった。幸運である。だが、つぎはわからない。ベアリングがおかしくなっている可能性も十分にある。対策は、ふだんのメンテをきちんとやる。これしかない。ある意味では、いい勉強になった長距離ツーリングであった。

多摩川の四季・夏

わたしは夏男だ。はっきりいって、暑さには異様に強い。気温三十四度でも、平気で多摩サイをいつもどおりに走る。よい子はマネをしないように。

わたしが夏に強いひとつの要因としては、汗をあまりかかないことがある。これは、子供のころからそうだった。おかげで、水の補給も最小限ですんでいる。真夏の昼間、六十キロを走って消費する水の量は四百cc前後である。これ、べつに意識的に控えているわけではない。飲みたくなったら、きちんと飲んでの結果である。この飲み水の量、冬だと百cc以下になる。

夏の困りものの筆頭は、陽焼けだ。昨今、紫外線の害が広く知られるようになったが、自転車に乗っていると、なかなか効果的に紫外線をシャットアウトできない。理想は衣服で全身を覆ってしまうことだろう。しかし、それでは夏の暑さにからだがやられてしまう。さすがのわたしも、そこまではできない。そこで、盛夏には顔、足、腕に陽焼け止めを塗る。アレルギー体質なので、ベビー用だ。十分とはいえないが、これでそこそこ陽焼けを防ぐことができる。

初夏と晩夏はUVアームカバーを腕にはめる。メッシュ生地でできていて、布自体にUV対策がなされている商品だ。これは効果が高い。陽焼け止めと違い、あとで洗い流す必要がないので、重宝している。それと、陽焼け止めは時間が経つと落ちてしまうのがネックだ。汗かきの人、二時間以上乗る人は、休憩時に頻繁に塗り直したほうがいい。四十歳をすぎると、陽焼けはしみになってあとまで残る。わたしは陽焼けによるしつこい皮膚炎も経験した。最悪のケースだと、皮膚癌に至ることもある。夏の陽焼け対策は必ずやっておこう。強く勧めておく。

紫外線は、肌を焼くだけではない。眼球にも悪影響を与える。

サングラスは、一年中かけている。度入りのグラスだ。晴れた日は色の濃いもの。曇りの日は、オレンジ色のものを使う。レンズが顔の横までまわりこんでいるスポーツグラスで、もちろんUVコートが施されている。そんな歪曲したレンズに度が入るのかといわれる人がいるかもしれないが、入るのである。そういうプロショップでつくってもらっている。

サングラスの役割は、紫外線対策だけではない。

夏の多摩サイは、生物の天国だ。甲虫が飛び交い、蝶々やトンボも群れをなしている。鳥の数も多い。そして、それらが集団でぶつかってくる。スポーツ自転車の速度は時速三十キロ以上だ。自他ともに認める遅い人でも、下りなどがあれば、この速度は簡単にでる。この速度で何かに当たると、予想外のダメージを負う。コガネムシ一匹でも、相当に痛い。わたしの場合、鳩がヘルメットにぶつかったことがある。ましてや昆虫との衝突となると、これはもう日常である。バッタ、羽虫、トンボ、ハチ、蝶々。……目にも入るし、口の中にも飛びこんでくる。ハチはぶつかるのと同時に刺していく。三年間で、二度刺された。唇と、左足ふとももの内側である。幸い、スズメバチでなかったので生命にはかかわらなかったが、激痛でしばらく動けなくなった。正直、ハチだけは勘弁してほしい。

というわけで、目は守らなくてはいけない。甲虫がレンズに当たると、甲高い金属音が響く。鳩がヘルメットにぶつかったときは、首に激痛が走った。一瞬、頸椎椎間板ヘルニアの再発を考えたほどのショックであった。スポーツ自転車の速度、絶対に侮ってはいけない。近眼でなくても、サングラスはかけよう。UVカットであれば、クリヤーレンズでもオッケイである。

強い陽光の下、熱風を裂いて疾駆するロードバイク。夏はいいよ。スポーツ自転車に乗るようになったら、水をたっぷりと用意して、ぜひ夏のサイクリングロードを走っていただきたい。推奨走行時間帯は、午前五時から九時の間である。

あとがき

考えてみると、ほんの三年ほど前のことだった。医師から渡された血液検査の診断書を手に愕然としていたのは。

そんなときに一冊の本と出会った。疋田智さんの『自転車生活の愉しみ』だ。

これを読み、わたしは自転車があったことを思いだしてショップに飛びこんだ。

雑誌などによく掲載されている生活習慣病テストをすると、必ず最悪の結果がでる。とくに食生活が悪い。魚が嫌いで、肉と卵が大好き。油もの大歓迎。早食いで大食い。酒も飲むし、甘いものも食べる。いちご大福には目がない。

この本がなかったら、わたしは間違いなく病気で倒れていた。糖尿病コースまっしぐらだった。疋田智さんは命の恩人だ。

自転車に乗りはじめて三年後、わたしのからだは別人のそれのように変化した。体重は六十キロを切り（身長は百七十二センチ）、体脂肪率は十パーセント以下になった。

もちろん、血液検査の数値は、そのすべてが正常値に戻った。高血圧の心配からも、完全に解放された。

食べ物の嗜好はいまでも変わっていない。ネット検索で評判のいいとんかつ屋を探し、わざわざそこまで食べに行ったりしている。食事の早さは、いまでも仲間内でいちばんだ。酒も、飲むときは相当に飲む。にもかかわらず、体重や体脂肪率がリバウンドすることはない。

要するに、わたしの健康はただひとつ、自転車だけで支えられているのだ。逆にいえば、自転車さえあれば、何を食べ、何を飲んでもなんとかなる。そういうことだ。

この経験をより多くの人びとに伝えたい。わたしは、そのように思った。おこがましい話だが、わたしが疋田さんの本によって救われたように、わたしもわたしの経験を語ることで、肉体的危機に瀕している人たちを、その状況から解き放ってあげたい。そして、すばらしい自転車の世界を知ってもらい、その魅力にどっぷりとつかっていただきたい。そう考えた。

自転車はすごい。

この言葉は、わたしの本音である。週四日、ロードバイクで一日六十キロを走る。この習慣を、わたしはもうやめることができない。理由は簡単。楽しいからだ。走っているときは、苦しい。これは、正直に認める。だが、苦しいとあえいでいるその裏に、その苦しさを楽しんでいる自分がいる。肉体をいじめる快感とでもいおうか。峠越えをするとき、その感覚は顕著にあらわれる。

坂をただ登る？　何十キロも？　馬鹿じゃないの？

これは、わたしが吐いた言葉だ。自転車に乗りはじめてすぐのことである。そのとき、わたしはまだ何も知らなかったのだ。

走りはじめる前、わたしには不安があった。持病もあるし、年齢の問題もある。ジム通いは何度も挫折した。食事制限は苦手だ。

だが、自転車を購入し、走りだしてしまうと、それはただの杞憂でしかなかったことが判明した。走れば健康になる。体重が減り、からだが軽くなる。すると、もっと走れるようになる。坂も、なぜか登りきってしまう。久しぶりに会った友人たちが目を瞠《みは》る。検査を受けると、ドクターも驚く。うれしくなって、さらに自転車に乗る。ますます走れるようになる。

冒頭でも書いた。それをいま一度、ここで繰り返そう。

五十代はぜんぜん遅くない。まだ十分に間に合う。定年？　やることがない？　検診で赤信号？

自転車がある。最高に楽しい時間が待っている。二十代、三十代なら、さらに有利だ。レースにでて、アマチュア選手として活躍することだって夢ではない。

わたしの自転車仲間のJさんは、学生時代、典型的な運動神経音痴だったと自分でいう。走れば遅い。マラソンも球技も苦手。しかし、四十代で自転車をはじめてから、その状況が一変した。一日で百五十キロ走るのはふつうのことだ。峠もどんどん登る。そして、ついにヒルクライムレースにも参加するようになった。坂があれば、登る。嬉々として登る。そんな日がくることなど、かれは小指の先ほども考えたことがなかった。これは、わたしも同じである。わたしがみずから望んで坂を登ることなど、絶対にありえないと思っていた。しかし、それはありえた。信じられないが、現実のことになった。それも、たったの三年で。

スポーツ自転車に乗ろう。診断書を手に、ただ茫然としているだけではいけない。九十センチのウエストをかかえ、ちっとも細くならないんだよなとぼやいているだけではいけない。仕事からも、すし詰めの通勤電車からも解放されたのに、何をしたらいいのかわからず、ぼんやりと日々を過ごしているだけではいけない。

自転車がある。めくるめく奇跡の世界が、たしかにそこに存在している。本書は、そのことをより多くの人たちに伝えるため、書いた。読んだら、つぎは実行だ。スポーツ自転車の楽しさを存分に味わってほしい。

五十歳？

ノープロブレム！

二〇〇六年三月

高千穂　遙

●参考書籍&お勧め本一覧

＊疋田智さんの著書。

『自転車生活の愉しみ』　東京書籍

『大人の自転車ライフ』　知恵の森文庫

『自転車ツーキニスト』　知恵の森文庫

『快適自転車ライフ』　岩波アクティブ新書

＊整備・トレーニングマニュアル本。

『新版　ロードバイクメンテナンス』　枻出版社

『新版　MTBメンテナンス』　枻出版社

『今中大介のロードバイクの基本』　枻出版社

『自転車フィッティングマニュアル』　枻出版社

『ミラクルトレーニング』　未知谷

＊コミックス。

『シャカリキ！』

曽田正人著。小学館。全七巻。天才坂馬鹿を描いた、ひたすら熱い自転車ロードレース漫画。そのおもしろさは群を抜いている。読みだしたら、本当にやめられない。七巻を一気読みすることになる。名作とは、まさしくこれのことである。

『並木橋通りアオバ自転車店』
宮尾岳著。少年画報社。二〇〇五年十二月現在、十四巻まで刊行中。あらゆる自転車を網羅した自転車漫画の傑作。読むだけで自転車に関する知識も身につく、珠玉の感動作品だ。

●インターネットの便利サイトとさまざまなショップ

サイクルベースあさひ
http://www.cb-asahi.co.jp/
わたしがいちばん利用している自転車用品通販サイト。とにかく商品数が豊富で、ウェアなどはサイズ交換も受けつけてくれる。グッズ等の試用レポートも充実。これでクレジットカードが使えたら、言うことなしなのだが。

アスキーサイクル
http://homepage3.nifty.com/askeycycle/index2.htm
激安自転車用品通販サイト。自転車に関してある程度知識があり、かつネット通販に慣れている人向きのショップ。

うえむらパーツ
http://www.uemura-cyc.com/
関西の雄といわれる自転車&パーツのショップ。東京でも定期的に即売会をひらいている。

あなじて
http://www.anajiite.com/
「あなたの自転車を見せてください」という趣旨のサイト。多くの人が自分の愛車をここで公開している。これがとても参考になる。参加者同士がコミュニティをつくり、ツーリングを開催したり、チームウェア製作企画を立てたりしているので、自転車仲間を求めている人にもぴったり。オリジナルグッズ通販サイトとも連動していて、わたしはここで自転車用バンダナを購入している。

自転車通勤で行こう!
http://japgun.hp.infoseek.co.jp/welcome.html
疋田智さんが主宰されている自転車ツーキニストのサイト。掲示板での情報交換がいろいろと参考になる。自転車通勤をはじめようと思っている人、すでにはじめている人なら、ここを覗かれるといいだろう。

cyclingtime.com
http://www.cyclingtime.com/
自転車レース情報・ニュースの供給サイト。通販部門もある。レース志向の人は必読。

神金自転車商会
http://www.bicycle.jp/jingane/
わたしの愛車の面倒をみてもらっているショップのサイト。ツーリングクラブがあり、随時、入会を受けつけている。クラブの活動レポートが、とてもおもしろい。

和田サイクル
http://www.jin.ne.jp/wada1/
小径・折り畳み自転車にかけてはトップクラスのショップのサイト。イラストレーター、加藤直之夫妻御用達。わたしの友人も多数、お世話になっている。

ワイインターナショナル
http://www.jitensya.co.jp/
系列店のひとつ、府中にあるワイズバイクパークでは、クロスバイク、ロードバイク、MTB、リカンベントの試乗ができる（有料）。

ＭＴＢプロショップ　轍屋

http://wadachiya.com/

元自転車雑誌編集者の奥様と、元自転車雑誌ライターの旦那さんがやっているＭＴＢプロショップ。奥様が書かれた「青葉台駅チャリンコ２分」という本は傑作である。

サングラスのオードビー

http://www.eaudevie.co.jp/top.htm

わたしが愛用している度入りサングラスは、すべてこの店でつくった。レンズが大きく彎曲しているスポーツグラスも、ここに頼めば度入りにできる。店内にイタリア製高級ロードバイクが置いてあるが、これはショップの人が通勤に使われているもの。当然、自転車乗りのニーズを完璧に把握している。

高千穂 遙
（たかちほ・はるか）

SF作家。一九五一年名古屋生まれ。法政大学社会学部卒業。大学在学中よりアニメの企画を手掛け、七七年に「クラッシャージョウ　連帯惑星ピザンの危機」で作家デビュー。八〇年に星雲賞・日本短編部門、八六年に星雲賞・日本長編部門を受賞。「クラッシャージョウシリーズ」「ダーティペアシリーズ」等、著書多数。「ビジネスジャンプ増刊号」には自転車通勤漫画「じてつう」（原作担当）を掲載している。

http://www.takachiho-haruka.com/

生活人新書178

自転車で痩せた人

二〇〇六（平成十八）年四月十日　第一刷発行

著　者　高千穂 遙

発行者　大橋晴夫
発行所　日本放送出版協会
〒一五〇―八〇八一　東京都渋谷区宇田川町四一―一
電　話　（〇三）三七八〇―三三二八（編集）
（〇四八）四八〇―四〇三〇（販売）
http://www.nhk-book.co.jp
振　替　〇〇一一〇―一―四九七〇一
装　幀　山崎信成
印　刷　太平印刷・近代美術　製　本　ブックアート

ISBN4-14-088178-X C0275

楽しく読める。役に立つ。――生活人新書　好評発売中！

148 キトラ古墳は語る●来村多加史

キトラ古墳に秘められた飛鳥人の精神世界を読み解く。天文・四神・十二支の図は何を物語るのか。壁画の読解法が古代史の新たな分野を切り拓く。

149 メジャーリーグの愛され方●冷泉彰彦

メジャーリーグが愛される理由を求め、リトルリーグからファンの心理までを探る。そこに浮かび上がった、アメリカ人の心の原点とは。

150 沖縄「戦後」ゼロ年●目取真　俊

沖縄戦から六十年。住民に強いられた凄惨な地上戦と、今日に至る日本政府の差別・米軍による占領という現実を、多面的に見つめ直す。

151 京都、唐紙屋長右衛門の手仕事●千田堅吉

光悦の鷹ヶ峰芸術村に発し、四百年にわたって続く唐紙師「唐長」。桂離宮から現代住宅まで幅広く手がける十一代当主が語る京の美意識。

152 子どもがニートになったなら●玄田有史　小杉礼子　労働政策研究・研修機構

ニート問題第一人者の玄田有史、小杉礼子の本音メッセージ。若者・家族・社会の背景と現状を、宮本みち子・江川紹子・斎藤環らと本気対談。

153 平らな国デンマーク「幸福度」世界一の社会から●高田ケラー有子

デンマーク人と結婚した造形作家が、デンマークで出産・子育てを体験。「世界一幸福度が高い国」でのぬくもりに満ちた生活を報告する。

154 ウチナーグチ（沖縄語）練習帖●高良　勉

30の基本表現を練習し、琉歌や島唄など琉球弧にゆたかに花開いた名作を味わい、島々の歴史と心の深みに、沖縄の詩人がご案内します。

155 ひきこもりと家族トラウマ●服部雄一

家族との絆の喪失、いじめ、友人の裏切りで人間不信に陥り、傷ついた彼らの心を治す鍵は、本音と建前が錯綜する「和の文化」にあった。

156 よく噛んで食べる　忘れられた究極の健康法●齋藤　滋
よく噛んで食べれば、肥満防止、ストレス解消、認知症予防にもなるほか、歯も丈夫になる！　そのメカニズムをわかりやすく紹介。

157 国際ビジネス　成功の新常識●権藤知子
国際ビジネスのトラブル予防対策本。外国人の本音や考え方の違いを明らかにし、ビジネスを成功に導くヒントを伝える。

158 元気なＮＰＯの育て方●戸田智弘
成功するＮＰＯと失敗するＮＰＯの違いは何か。全国各地で奮闘する13の先進事例から学ぶ、ＮＰＯ成功への戦略。

159 マークを読む　ＪＩＳからエコマークまで●中井有造
六〇年ぶりに改正のＪＩＳ始め、有機ＪＡＳやトクホなど、身近な商品にひっそり記されている「生活マーク」。そこに隠された意味は？

160 心を鍛える言葉●白石　豊
集中力や自信の欠如、恐怖心や不安などの心の問題は解決できる。ここ一番で力を発揮するための言葉を使った心のトレーニング法を指南。

161 「絵になる」まちをつくる　イタリアに学ぶ都市再生●民岡順朗
絵にならない、安っぽい街並みが続く日本。イタリアに修復を学んだ都市計画の専門家が提言する、住み続けたくなるまちの具体案。

162 仏教力テスト●此経啓助
私たちの身近にある仏教の生き方や文化に新鮮な目が向けられるような仏教の基本的な知識を「テスト形式」で体系的に網羅。

163 フリーズする脳　思考が止まる、言葉に詰まる●築山　節
インターネット、カーナビ、携帯電話。便利な道具に満たされた社会で現代人の脳に何かが起きている。現状に直面する専門医の解説。

164 Ｊポップの作詞術●石原千秋
漱石研究の俊英が、Ｊポップの歌詞の分析から、現代日本人の言葉感覚に鋭く切り込む！

165 幕末単身赴任　下級武士の食日記●青木直己
「上野手前にて餅を喰い、それより浅草にて月若にてそばを喰い」。紀州和歌山藩勤番侍・酒井伴四郎の日記から読む幕末江戸グルメ！

166 私も入りたい「老人ホーム」●甘利てる代
高齢者・利用者の心に徹底的に寄り添う、温かく家庭的な「老人ホーム」が全国に実在している。真心あふれる「高齢者の居場所」・宅老所を紹介する。

167 教育欲を取り戻せ！●齋藤　孝
教育したいというやむにやまれぬ欲求を、性欲、食欲とならぶ第三の本能と捉え、正しい教育欲から、荒む日本を立て直す道を探る。

168「スマイル仮面」症候群　ほんとうの笑顔のとりもどし方●夏目　誠
つくり笑いと素顔が切り替えられなくなる「スマイル仮面症候群」。その心理を読み解き、ほんとうの笑顔をとりもどす方法を指南する。

169 わかりやすさの本質●野沢和弘
誰にもわかりやすく情報を伝える表現とは何か。新聞記者が知的障害者とともに挑んだ、「バリアフリー文章流儀」入門。

170 北欧デザインを知る　ムーミンとモダニズム●渡部千春
なぜ北欧のデザインはどこにでもなじむのか。イッタラの食器からスカンジナビア航空のCIまで、磨きぬかれた機能美の魅力を紹介。

171 今日はこの米！　コシヒカリの子孫たち●西島豊造
ご飯になる「うるち米」は全国五二四銘柄(平成一七年産米)。〝コシヒカリ〟も旨いけど、今日のおかずに合わせて米も変えてみませんか？

172 懲りない患者　快適習慣の落し穴●田上幹樹
患者さんとの本音の会話を忠実に再現した。それは、「快適習慣」を一歩ずつ改善し、「生活習慣病」を克服するためのきめ細かい指導の足跡である。

173 今日はこのワイン！　24のブドウ品種を愉しむ●野田幹子
ワインを楽しむ近道は、原料となるブドウ品種の特徴を覚えておくこと。赤白ワイン用の代表的ブドウ品種全24をさくっと解説。

174 日本人の「理科常識」365問●日時伸哉
子どもの間では〝天動説〟が有力！――驚くあなたの理科の知識は大丈夫？　小・中学校で習う、暮らしに身近な問題でチェック。

175 サッカーという名の神様●近藤　篤
サッカーの「体温」は風土やお国柄によって少しずつ違う。各国のスタイル、ファン気質を絶妙にスケッチした短編エッセイ集。

176 テストだけでは測れない！　人を伸ばす「評価」とは●吉田新一郎
テストを含めた「評価」を「人をよくするもの」ととらえ、人を伸ばす「評価」のあるべき姿と具体的方法を紹介する。

177 民話で知る韓国●ちょん・ひょんしる
私たちの祖先の生活や願いが組み込まれた民俗の伝統の宝庫である民話。韓国ドラマや映画の物語の背景にも〝民話〟があった。

178 自転車で痩せた人●高千穂　遙
わずか2年で24キロの減量に成功し、体脂肪率は24％から10％以下に。明るく楽しく、そして激しく愛車に乗りまくる日々を活写する。

179 未妊　「産む」と決められない●河合　蘭
「妊娠」は宙に浮いたまま、いつまでも先送りされ続ける。少子化世論調査では見えない女性たちの微妙で複雑な事情。